Catalogue des Plantes Indigènes des Pyrénées et du Bas Languedoc

George Bentham

CAMBRIDGE
UNIVERSITY PRESS

CAMBRIDGE UNIVERSITY PRESS

Cambridge, New York, Melbourne, Madrid, Cape Town,
Singapore, São Paolo, Delhi, Tokyo, Mexico City

Published in the United States of America by Cambridge University Press, New York

www.cambridge.org
Information on this title: www.cambridge.org/9781108037372

© in this compilation Cambridge University Press 2011

This edition first published 1826
This digitally printed version 2011

ISBN 978-1-108-03737-2 Paperback

CAMBRIDGE LIBRARY COLLECTION

Books of enduring scholarly value

Life Sciences

Until the nineteenth century, the various subjects now known as the life sciences were regarded either as arcane studies which had little impact on ordinary daily life, or as a genteel hobby for the leisured classes. The increasing academic rigour and systematisation brought to the study of botany, zoology and other disciplines, and their adoption in university curricula, are reflected in the books reissued in this series.

Catalogue des Plantes Indigènes des Pyrénées et du Bas Languedoc

English botanist George Bentham (1800–84) is most famous as the author of the popular *Handbook of the British Flora* (1858), which ran into many editions. A distinguished scientist, Bentham was elected a Fellow of the Royal Society in 1862, and served as President of the Linnean Society of London for thirteen years (1861–74). Originally published in 1826, this catalogue of plants from the Pyrénées region of France is Bentham's second work. Inspired by French botanist de Candolle (1778–1841) as well as by the analytical methods of his uncle, the famous philosopher Jeremy Bentham, this book is a systematic overview of the plants found between Figueras, in the north of Spain, and Bordeaux, Narbonne and Montpellier in France. The book opens with the story of Bentham's 1825 three-month trip through the Pyrenees region, with botanist G. A. Walker Arnott (1799–1868), on which the *Catalogue* is based.

Cambridge University Press has long been a pioneer in the reissuing of out-of-print titles from its own backlist, producing digital reprints of books that are still sought after by scholars and students but could not be reprinted economically using traditional technology. The Cambridge Library Collection extends this activity to a wider range of books which are still of importance to researchers and professionals, either for the source material they contain, or as landmarks in the history of their academic discipline.

Drawing from the world-renowned collections in the Cambridge University Library, and guided by the advice of experts in each subject area, Cambridge University Press is using state-of-the-art scanning machines in its own Printing House to capture the content of each book selected for inclusion. The files are processed to give a consistently clear, crisp image, and the books finished to the high quality standard for which the Press is recognised around the world. The latest print-on-demand technology ensures that the books will remain available indefinitely, and that orders for single or multiple copies can quickly be supplied.

The Cambridge Library Collection will bring back to life books of enduring scholarly value (including out-of-copyright works originally issued by other publishers) across a wide range of disciplines in the humanities and social sciences and in science and technology.

CATALOGUE

DES

PLANTES INDIGÈNES

DES

PYRÉNÉES ET DU BAS LANGUEDOC.

CET OUVRAGE SE TROUVE AUSSI :

A TOULOUSE,

Chez VIEUSSEUX , Libraire;

A BORDEAUX,

Chez Mme. Veuve BERGERET , Libraire;

A MONTPELLIER ,

Chez { GABON et Compagnie, Libraire;
{ SÉVALLE , Libraire.

IMPRIMERIE

DE MADAME HUZARD (NÉE VALLAT LA CHAPELLE),
Rue de l'Éperon , N°. 7.

CATALOGUE

DES

PLANTES INDIGÈNES

DES PYRÉNÉES ET DU BAS LANGUEDOC,

AVEC

Des Notes et Observations

SUR LES ESPÈCES NOUVELLES OU PEU CONNUES ;

PRÉCÉDÉ D'UNE

NOTICE SUR UN VOYAGE BOTANIQUE

FAIT DANS LES PYRÉNÉES

PENDANT L'ÉTÉ DE 1825 ;

PAR GEORGE BENTHAM.

A PARIS,

CHEZ MADAME HUZARD IMPRIMEUR-LIBRAIRE,

RUE DE L'ÉPERON-SAINT-ANDRÉ, N°. 7.

1826.

PRÉFACE.

Les Pyrénées, si long-temps négligées sous le rapport de leurs richesses végétales, commencent maintenant à devenir l'objet des recherches des botanistes. La végétation de la plus grande partie de ces montagnes n'est pourtant que très-peu connue jusqu'à présent, et les plantes qui leur sont propres se rencontrent assez rarement dans les herbiers. Les ouvrages généraux que nous possédons sur la flore des Pyrénées, sont en petit nombre, et remplis d'erreurs dont la plupart n'ont pas encore été relevées, et dont les autres sont malheureusement devenues le sujet d'une discussion conduite avec trop d'aigreur pour être d'un véritable avantage à la science, et, par cela même, ces erreurs doivent avoir un caractère douteux aux yeux de la plupart des botanistes. Ayant eu occasion d'en rectifier une partie d'une manière certaine, par l'inspection des échantillons-types ; ayant d'ailleurs, par une excursion dans ces montagnes, dans l'été de 1820, et pendant un voyage de trois mois exécuté l'année dernière, rassemblé un grand nombre d'échantillons de plantes rares ou nouvelles, j'ai rédigé le présent *Catalogue*, tant dans le but de faire connaître mes observations, que pour servir de base aux échanges que j'aurai à proposer à mes correspondans.

J'avais d'abord voulu n'y admettre que les plantes qui doivent entrer rigoureusement dans la Flore des Pyrénées et de leurs ramifications immédiates, dont je place les limites, pour le revers septentrional, au canal du Languedoc, depuis Narbonne jusqu'à Toulouse, et au fleuve de la Garonne, de cette dernière ville jusqu'à Bordeaux. Mais, habitant à Montpellier, où j'ai eu occasion d'herboriser pendant cinq ou six ans, j'ai jugé utile d'insérer aussi les plantes du Bas Languedoc, et sur-tout celles des environs de Montpellier, sans aller pourtant jusqu'aux Cevennes, ni dépasser le Vidourle à l'est. J'ai été d'autant plus porté à m'étendre sur cette région ainsi circonscrite, que je suis persuadé que la plupart des plantes qu'on y a remarquées se trouveraient aussi dans le Roussillon, lorsque la végétation de cette riche contrée sera mieux connue. Quant au revers méridional, le peu d'herborisations que l'on y a faites empêchent de poser actuellement les limites de la végétation pyrénéenne. Parmi les différens points par où j'y ai pénétré moi-même, je me suis limité, dans ce *Catalogue*, à Figueras sur la route de Barcelonne, à la Seo d'Urgel en Haute Catalogne, et à Benasque en Aragon.

Pour donner à mon *Catalogue* une utilité plus générale que celle des simples compilations, si faciles à faire et par conséquent si multipliées malgré leur peu d'utilité, je me suis attaché à n'y admettre aucune observation, aucun synonyme que je n'ai pas eu occasion de vérifier par moi-même, ou, si je me suis écarté de cette règle, cela n'a été que tres-rarement, et toujours en citant la personne de qui je les tiens. Il est vrai que parmi les observations que je donne comme les miennes, il en est beaucoup que j'ai faites en commun avec les botanistes qui m'ont accompagné dans mes herborisations ; il en est même un assez grand nombre qui m'ont été suggérées par ces Messieurs, et que je n'ai fait que vérifier. Mais qu'ils me pardonnent, si je ne les cite pas à chaque occasion. Ma mémoire ne me suffit pas pour distinguer les cas où ils m'ont fourni les observations, ni même à qui en particulier je les dois. Je m'exposerais à les rendre, pour ainsi dire, responsables d'opinions qui me seraient peut-être propres, et qu'ils ne partageraient pas. Je me bornerai donc à citer ici, parmi les personnes à qui, sous ce rapport, j'ai le plus d'obligations, M. Walker-Arnott d'Edimbourg, avec qui j'ai herborisé en 1823 pendant quinze jours dans les montagnes d'Écosse, et l'année dernière pendant cinq mois à Montpellier et dans les Pyrénées ; M. Requien d'Avignon, et M. Audibert de Tarascon, qui nous ont accompagnés pendant les deux premiers mois de notre course ; et M. Delile, professeur de botanique à l'École de médecine de Montpellier, dont les nombreuses herborisations aux environs de cette ville ont ajouté à sa Flore un grand nombre de plantes rares.

A l'égard des synonymes, la plupart de ceux que je donne n'ont point encore été publiés. Cela provient en partie de ce que, d'après l'examen des plantes dans leurs localités naturelles, j'ai été obligé de réunir des espèces jusqu'ici regardées comme distinctes, en partie de ce qu'un grand nombre d'espèces pyrénéennes avaient été établies sur des échantillons uniques souvent incomplets, et déposés dans des herbiers peu connus ; il n'y a par conséquent que bien peu de personnes qui ont pu les examiner. Afin donc de donner le plus de certitude possible à mes synonymes, je me suis attaché à ne rapporter comme certains que ceux que j'ai vérifiés sur des échantillons que je regarde comme authentiques. Dans les cas où, par le concours des descriptions des auteurs et des localités données, j'ai acquis la conviction intime qu'une espèce doit être rapportée à telle autre ; mais où je n'ai pu vérifier mon opinion par l'examen d'échantillons authentiques, j'ai eu soin d'ajouter au synonyme un point de doute.

L'étendue que j'ai pu donner à cette partie de mon travail, je la dois, d'abord, à l'obligeance avec laquelle MM. Xatard de Prats de Mollo, Coder de Prades, et Marchand de Saint-Béat ont bien voulu nous permettre de parcourir leurs herbiers, et sur-tout à l'extrême complaisance avec laquelle M. le baron Isidore Picot de Lapeyrouse nous a montré l'herbier même de Monsieur son père, mais dont notre court séjour à Toulouse ne nous a permis de parcourir qu'une petite partie. Si j'ai été obligé de relever quelques erreurs de l'*Histoire abrégée des Plantes des Pyrénées*, j'espère que M. de Lapeyrouse voudra bien ne considérer mes observations que relativement au seul but que je pus avoir en les faisant, l'intérêt d'une science, qui, moins que toute autre, devrait devenir le sujet de discussions conduites avec aigreur.

Dans quelques cas aussi j'ai cité des synonymes connus, provenant de changement de nom, ou de méthode de classification ; mais je ne l'ai fait que le plus rarement que j'ai pu, pour ne pas allonger inutilement le *Catalogue*. J'ai cru aussi que ce n'était pas ici le lieu de faire la critique des diverses synonymies données par les auteurs : de sorte qu'en citant le nom donné par tel botaniste, je n'entends nullement y comprendre les synonymes qu'il y rapporte.

Afin de distinguer les espèces que j'ai cueillies moi-même, de celles que je rapporte seulement d'après les auteurs, j'ai eu soin d'ajouter aux premières les localités où je les ai observées, ou, dans un petit nombre de cas, celles

d'où proviennent les échantillons que j'ai recus ou vus ; je
désigne alors l'herbier où j'ai observé l'espèce. Toutes les
fois qu'une plante est désignée sans localité, c'est que je
n'ai point vu d'échantillon originaire de la région dont je
m'occupe : parmi ce nombre, j'ai eu soin aussi de distinguer par un astérisque * les espèces que je crois y avoir
été indiquées par erreur, et par une croix † celles dont
je crois l'existence douteuse.

Ainsi donc, mon but unique, en donnant les localités,
etant de faire connaître quelles sont les plantes que j'ai
reconnues par moi-même comme indigènes des Pyrénées,
j'ai dû être réservé à cet égard, pour ne pas trop étendre
ce *Catalogue*; d'ailleurs, la critique des stations données
par d'autres auteurs, et l'énumération détaillée de celles
qu'habite chaque plante, ne peut être donnée que dans une
Flore, ce qui n'est point mon but actuel. Lorsque je n'ai
cueilli une plante que dans une ou deux localités particu-
lières, je les nomme, sans que, pour cela, je prétende
dire qu'elle ne croisse pas ailleurs, ou même qu'elle ne
soit pas commune dans quelques cas. Cependant, je me
suis attaché à donner des stations générales toutes les fois
que je l'ai pu. Dans ces cas, je me suis servi des abréviations suivantes :

Comm. indique les plantes croissant plus ou moins
abondamment à-peu-près dans toutes les parties de la
région qui nous occupe ;

Pyr., celles qui habitent toute la région, excepté les
parties chaudes qui bordent la Méditerranée ;

Pyr. élevées, celles des hautes montagnes qui descendent
rarement dans les vallées ;

Pyr. occ., celles des Pyrénées occidentales ou plutôt de
la *région océanique*, y compris par conséquent les plantes

des Landes. La plupart ne dépassent pas Pau et Tarbes à l'est. J'y ai peu herborisé moi-même, et quoique j'aie recu à diverses occasions plusieurs de ces espèces, cette partie du *Catalogue* est toujours la moins complète ;

Pyr. cent., celles des Pyrénées centrales, comprises dans les départemens de l'Ariège, de la Haute-Garonne et des Hautes-Pyrénées, et, pour le revers méridional, les parties de l'Aragon et de la Catalogne qui y correspondent ;

Pyr. or., celles des Pyrénées orientales, depuis la mer Méditerranée jusqu'à la Cerdagne et au Capsir ;

B. Lang., celles du Bas Languedoc, depuis le Vidourle jusqu'à l'Aude ;

B. Lang. Pyr. or. : ces abréviations citées ensemble indiquent généralement les plantes de la région Méditerranéenne, qui remontent les vallées orientales et méridionales des Pyrénées de manière à se mêler souvent avec les plantes alpines.

Pour la nomenclature, j'ai suivi le *Prodromus* de M. de Candolle, en tant qu'il est déjà publié, c'est-à-dire jusqu'aux Rosacées inclusivement, et le *Nomenclator botanicus* de Steudel à l'égard des autres familles, excepté dans les cas où je diffère d'opinion de ces auteurs ; et alors j'ai eu soin de rapporter leurs synonymes.

J'ai donné les phrases spécifiques et quelquefois une description détaillée des espèces qui m'ont paru nouvelles ou mal définies, ainsi que des notes critiques sur un grand nombre d'autres. Il y a sur-tout quatre genres sur lesquels je suis entré dans quelques détails. Ce sont :

1°. *Cerastium*. La grande confusion des synonymes des auteurs francais et anglais, et l'extrême multiplication d'espèces mal définies m'ont engagé à reproduire avec leurs caractères distinctifs toutes les espèces francaises que j'ai pu me procurer.

2°. *Orobanche*, dont j'ai examiné onze espèces vivantes. J'avais recueilli des notes dans le but de faire une Monographie des espèces françaises. Mais lorsque ensuite j'ai cherché à les analyser pour établir mes caractères spécifiques ; je n'en ai pas pu trouver d'assez positifs pour en construire les phrases latines , et je n'ai fait que donner mes notes , en laissant à des observateurs qui auront plus de matériaux à leur disposition, le soin de faire la Monographie d'un genre qu'il est indispensable d'étudier sur le vivant , ou d'après des dessins détaillés faits également sur le vivant.

3°. *Helianthemum*. J'ai observé, dans leurs stations respectives , un grand nombre d'espèces de ce genre difficile ; et , grâce à l'obligeance avec laquelle MM. Dunal , Bouschet - Doumenq , Delile de Montpellier , et Requien d'Avignon , ainsi que les principaux botanistes de Paris et de Londres , m'ont ouvert leurs riches collections , j'ai été à même d'examiner presque toutes les espèces du *Prodromus*. M. Arnott m'a aussi communiqué les observations qu'il a faites sur ce genre , dans les herbiers de MM. de Candolle à Genève , et Balbis à Lyon. D'après ces matériaux , je me suis hasardé à représenter presque tout le genre avec les nouvelles phrases que j'ai cru devoir substituer à celles de M. Dunal , pour les espèces dont j'ai modifié la circonscription. Si je diffère de ce savant botaniste relativement au nombre d'espèces que j'admets , c'est que je me suis apercu , par l'observation d'individus vivans , que les caractères sur lesquels elles ont été établies sont trop variables et trop minutieux pour ne pas embrouiller de plus en plus ce genre déjà difficile. D'ailleurs M. Dunal , qui n'a pu faire son travail que sur des échantillons secs, pense lui-même qu'un examen soigné des plantes vivantes amènerait une grande réduction dans le nombre des espèces. La partie essentielle de son travail, la division du genre en sections, ne me paraît laisser rien à désirer.

4°. *Medicago*. J'ai encore suivi le même plan pour ce genre, dont je me suis beaucoup occupé depuis quelque temps. Sur la totalité des espèces que j'y compte, j'en possède quarante et une dans mon herbier, et j'en ai observé trente-six vivantes. J'ai recu de M. Seringe des échantillons authentiques de quarante-trois espèces du *Prodromus*, et j'ai pu en examiner un grand nombre dans les herbiers de MM. Requien, Delile et Bouschet Doumenq. Dans ce genre, comme dans les trois autres que je viens de nommer, je désirerais recevoir le plus possible d'échantillons et d'observations critiques, espérant en faire les sujets d'autant de Monographies.

Dans le petit nombre d'espèces que j'ai établies, je ne l'ai jamais fait sur des échantillons uniques ni imparfaits. En suivant constamment cette règle, sur-tout pour les espèces européennes, on retarderait peut-être quelquefois la publication de quelques plantes nouvelles ; mais ce ne serait que rarement, et l'on éviterait ce désordre, répandu sur la science par le grand nombre de synonymes que l'on est maintenant obligé d'attacher au nom de chaque espèce.

Je n'ai énuméré que peu de variétés ; on a fait, depuis peu, beaucoup de tort à la science, en donnant des noms particuliers à la moindre aberration accidentelle du type. Une fleur blanche ou toute autre difformité maladive ou accidentelle ne peut jamais constituer une variété distincte ; encore moins un accident partiel produit par la piqûre d'un insecte ou la présence d'une cryptogame, que l'on voit dans certains *Catalogues* constituer une variété *monstrosa*, *bullata*, *prolifera*, etc. On ne doit donner un nom à une variété que lorsque c'est une altération générale, constante, sur un grand nombre d'individus, mais dont une suite régulière et bien nuancée d'intermédiaires démontrent la liaison avec l'espèce primitive.

Quoique je n'aie compris dans mon *Catalogue* que des plantes phénogames, j'ai aussi ramassé un grand nombre de cryptogames, mais elles ne sont pas encore toutes mises en ordre. Celles des Pyrénées sont en ce moment presque toutes en Écosse, où je les ai envoyées à M. Arnott, mon compagnon de voyage, et muscologiste exercé, afin qu'il les déterminât. Quant aux fougères, je dirai seulement ici que les plus remarquables de celles que nous y avions trouvées, sont les suivantes : *Asplenium glandulosum*, dans les rochers chauds du Bas Languedoc ; *Asplenium lanceolatum*, *Aspidium Halleri*, *Gymnogramma leptophylla*, en Roussillon ; et *Cheilanthes odora*, dans quelques vallées des Pyrénées orientales et centrales.

J'ai déjà dit que mes notes sur les plantes pyrénéennes furent recueillies, pour la plupart, dans un voyage fait dans ces montagnes pendant l'été de 1825. Afin de faciliter les recherches futures des botanistes, d'indiquer les endroits où leurs courses seraient faites avec le plus de succès, et les moyens de surmonter les obstacles qu'on y rencontre, je crois utile de donner ici une petite Notice sur notre herborisation, dans l'espoir qu'elle pourra servir, en quelque sorte, de guide aux amateurs qui la feront après nous. Je sais qu'elle est loin d'être complète ; mais ce n'est qu'en publiant tout ce que l'on a occasion d'observer, qu'on pourra ramasser les matériaux d'une Flore de ces montagnes, dont il n'en existe aucune qui soit passablement exacte ou complète. Ayant formé moi-même le projet d'en rediger une, je recevrai toujours avec reconnaissance tous les renseignemens et toutes les plantes intéressantes de ces montagnes, en échange de celles que je possède en double. J'en puis fournir, sur le *Catalogue* qui suit, plus de quinze cents espèces. Ce que je désire le plus, ce sont des échantillons originaires des Pyrénées des plantes dont je ne donne point de localité, et auxquelles je désirerais qu'on ajoutât toujours l'endroit précis où on les a ramassées.

NOTICE

SUR

UN VOYAGE BOTANIQUE

FAIT

DANS LES PYRÉNÉES

PENDANT L'ÉTÉ DE 1825.

J'AVAIS depuis long-temps formé le projet d'explorer, en botaniste, les Pyrénées orientales et centrales, lorsqu'au commencement de l'année dernière je reçus, à Montpellier, la visite de M. Walker-Arnott d'Édimbourg. Je le décidai à consacrer avec moi trois mois à cette course, et sachant que MM. Requien d'Avignon et Audibert de Tarascon se proposaient aussi de visiter le Roussillon, nous nous entendîmes avec eux pour partir en même temps. Nous nous réunîmes donc tous à Montpellier et en partîmes ensemble, le 17 mai 1825, par la diligence du Roussillon.

Arrivés le soir même à Narbonne, nous commençâmes notre herborisation le lendemain 18, par une courte promenade au coteau appelé *Pech de la Nivelle* et dans la plaine qui le sépare de la ville. Malgré la sécheresse extrême, qui avait détruit en grande partie les blés et les fourrages, nous trouvâmes la plupart des plantes de ces environs en assez bon état, quoique en général un peu trop avancées.

Le 19, nous traversâmes la *Clape*, montagne calcaire, très-aride, sèche et nue. En montant du côté de Narbonne, nous trouvâmes pourtant dans les fentes des rochers escarpés quelques plantes intéressantes, mais trop avancées ; et ce fut dans les pelouses sèches, près du sommet, que nous découvrîmes pour la première fois le *Medicago leiocarpa*. Ensuite une marche longue, pénible et presque entièrement stérile nous conduisit à la redoute *Montolieu*, localité indiquée pour le *Viola arborescens ;* nous retrouvâmes cette espèce, mais les capsules même étaient tout-à-fait ouvertes. Delà, nous suivîmes le bord de la mer jusqu'à l'île Sainte-Lucie, marchant pendant trois ou quatre heures sur une plage large et sablonneuse sans aucune trace de végétation. Ce ne fut enfin qu'à l'île Sainte-Lucie que nous nous retrouvâmes tout à coup au milieu d'une foule de *Statice* et autres plantes maritimes assez rares et curieuses. Descendant le long du canal, nous fûmes coucher à La Nouvelle, et retournâmes le lendemain à Narbonne par la côte occidentale de l'île et ensuite par Capitoul, où nous fûmes chercher inutilement l'*Atractylis humilis,* cette plante ne faisant que sortir de terre. Cette herborisation de l'île Sainte–Lucie, quoiqu'elle fût assez heureuse pour nous, serait meilleure en la faisant plus tôt ou plus tard ; les petites plantes, telles que le *Micropus pygmæus, Læflingia hispanica,* etc., étaient déjà desséchées par l'ardeur du soleil, et la grande masse des *Statice* et des autres plantes les plus curieuses n'était pas assez avancée. Le commencement de juin doit être la saison la plus favorable. Quant à la Clape, il faudrait au contraire choisir le commencement de mai, et sur-tout éviter de s'écarter dans les marais et sables du bord de la mer, qui, dans cette partie, sont tout-à-fait stériles.

Le 22, ayant quitté Narbonne et passé la plus grande partie de la journée dans les environs de l'ancienne abbaye de Fontfroide, nous fûmes coucher au château de Donos, et le lendemain 23, traversant les Basses Corbières jusqu'à Cascastel, nous revînmes par Durban et Villesèque rejoindre la grande route à Séjean, où nous prîmes, le soir à dix heures, la diligence de Perpignan.

La première partie de cette herborisation fut très-riche. Outre une foule de petites plantes bonnes et rares, que nous ramassâmes sur les coteaux de Font-laurier, nous trouvâmes, dans les bois de Fontfroide, une grande variété de cistes, tous en fleurs en ce moment. Mais dès que nous fûmes sortis de la forêt, nous ne trouvâmes plus rien jusqu'à Cascastel. Là, pourtant les champs à blés nous fournirent des *Medicago* et quelques autres Légumineuses assez bonnes. Je conseillerai donc à nos successeurs de revenir de Fontfroide à Narbonne et de ne point essayer de parcourir les parties calcaires des Basses Corbières, qui ne sont d'ordinaire couvertes que de buis et des *Cistus monspeliensis albidus* et *salviæfolius*, d'autant plus que la course est en elle-même ennuyeuse et fatigante. Les cistes rares sont tous dans les bois de Fontfroide.

Le 25, nous ramassâmes, en assez bon état, sur les bords de la Testa, la plupart des plantes qui y sont indiquées ; cependant les plus curieuses n'étaient encore qu'à peine en fleur. Les 26, 27 et 28, nous fîmes une des plus riches herborisations à Collioure, Port-Vendres, Bagnols et dans les coteaux au-dessus de ces bourgs. Toutes les meilleures plantes étaient en très-bon état, et il y aurait eu matière à y bien employer huit à dix jours dans cette saison. Toute la chaîne des Albères me semble devoir être fertile en espèces rares, et peut-être le revers méridional que nous n'avons point visité le serait-il encore davantage.

Le 31, nous prîmes la diligence de Barcelone, et, couchant ce soir-là à Girone, nous arrivâmes le lendemain, 1er. juin, dans la belle capitale de la Catalogne, ayant profité de toutes les occasions où les mauvais chemins, les côtes à monter, et les relais de chevaux nous permettaient de prendre les devans ou de nous écarter à droite et à gauche pour herboriser le long de la route. Nous eûmes assez de succès dans les bois aux environs de la Granota, le long de la mer, depuis Pinède jusqu'à Barcelone. Cette dernière partie de la route est très-intéressante sous plus d'un rapport : le nombre, l'étendue des villes et villages qui bordent la mer, la propreté, l'élégance même des costumes des habitans, une apparence générale d'aisance et de santé, forment un contraste parfait avec la désolation universelle que l'on remarque dans l'intérieur, et la dégoûtante malpropreté, l'abrutissement total des habitans. Sous le rapport des productions naturelles, l'heureux climat des côtes de la Catalogne leur donne une vigueur inconnue en France. Les *Agave americana,* qui bordent la route, y fleurissent dès la neuvième ou dixieme année. A notre passage, les hampes de cette plante étaient encore jeunes ; la plupart n'avaient encore que douze ou quinze pieds de hauteur, et leurs rameaux n'étant pas encore développés, elles avaient encore l'air d'asperges gigantesques. Diverses espèces d'*Opuntia* étaient en pleine fleur, formant d'épais buissons de quatre à six pieds de hauteur, éclatans de rouge et de jaune. L'état des champs y rappelle plutôt les faveurs de la nature que les efforts de l'art. Les oliviers, les caroubiers, les vignes, les blés, presque toujours mêlés sur le même terrain, s'entrelacent et se gênent mutuellement, et s'ils donnent d'assez bonnes récoltes, c'est que la force de la végétation leur assure les moyens de résister à l'état d'abandon où on les laisse.

Nous restâmes quatre jours à Barcelone. Pendant ce temps, nous fîmes deux herborisations : l'une, autour du mont Jouy, fut assez riche ; la seconde le fut moins, parce que nous ne fîmes que traverser les terres cultivées du côté de Sarria. Les limites que nous fûmes obligés de poser à notre séjour dans cette ville nous empêchèrent de faire l'intéressante herborisation du mont Serrat ; mais je conseillerais à tout botaniste qui visiterait désormais Barcelone de ne pas négliger cette excursion, curieuse sous plusieurs rapports et qui ne demanderait que trois ou quatre jours au plus, en y consacrant tout le temps qu'il faut pour herboriser. Si l'on n'a que peu de jours à séjourner à Barcelone, il faudrait aussi étendre ses herborisations plutôt sur les plaines qui bordent la mer au-delà du mont Jouy que sur les coteaux de l'intérieur, qui, étant presque toujours en culture, sont moins riches en plantes sauvages.

2.

Barcelone possède un petit jardin botanique auquel est attaché un professorat, occupé en ce moment par M. le docteur Bahi, habile médecin, à peine rétabli dans Barcelone après trois années de persécutions qu'il a subies de la part des différens gouvernemens qui se sont succédé en Espagne. Ayant été le premier à déclarer que l'épidémie de 1822 était la fièvre jaune, il s'est attiré l'inimitié des commerçans de toutes les classes, qui se voyaient lésés par les mesures sanitaires. Accusé de servilisme sous le régime constitutionnel, de libéralisme sous le gouvernement absolu, il fut obligé de se cacher pendant plusieurs années dans les montagnes de l'intérieur, et ce n'est que depuis peu que, ayant enfin obtenu sa purification, il a pu revenir à Barcelone reprendre sa profession. Le jardin, qui n'a jamais joui des avantages d'un botaniste zélé ou d'un capital considérable, s'est presque détruit pendant les derniers troubles, les gages même du jardinier n'ayant pas été payés pendant deux ou trois ans. A peine y reste-il cinq cents plantes, mais dans ces cinq cents il y a des *Schinus Molle*, *Varronia alnifolia*, *Cœsalpinia Sappan*, *Acacia longifolia*, *horrida*, etc., *Physalis aristata* et autres espèces que nous ne voyons ailleurs qu'en chétifs arbrisseaux, végétant à peine dans nos serres, qui s'élèvent ici en plein air à des hauteurs considérables. Aucun climat, dans notre quartier du globe, n'est plus sain et plus égal; aucun ne prêterait mieux à l'établissement d'un jardin botanique en grand, si le gouvernement de ce malheureux pays était de nature à permettre même qu'un botaniste distingué y employât ses talens, sans parler de la concession des fonds nécessaires pour un but pareil.

De Barcelone, nous revînmes à Perpignan par la même route, et nous passâmes deux jours dans cette dernière ville à sécher, emballer et expédier les plantes ramassées jusqu'ici, au nombre déjà de douze à quinze mille échantillons à nous quatre.

Le 10 juin, nous prîmes la *tartane* (1) d'Arles en Roussillon, où nous arrivâmes d'assez bonne heure pour faire une courte promenade au-dessus de la ville. Cette petite herborisation fut assez bonne pour nous, car ce fut là que nous rencontrâmes les premières plantes strictement pyrénéennes; mais nous n'en vîmes aucune qui ne fût plus abondante et en meilleur état aux environs de Prats de Mollo.

Le 11, de grand matin, nous quittâmes Arles, et, ne trouvant plus de chemins praticables pour les voitures, nos courses se firent désormais presque toujours à pied, suivis d'un ou de deux mulets, selon le papier et les provisions que nous avions à transporter. La réverbération du soleil, qui nous accablait, ainsi que le nombre de bonnes plantes que nous ramassâmes le long de la route, retardèrent jusqu'à une heure de l'après-midi notre arrivée pour déjeûner à Prats de Mollo, jolie petite ville dans un vallon agréable, assez pittoresque, quoique un peu nu. Pendant les trois jours de notre séjour ici, M. Xatard, juge de paix du canton, nous accueillit avec la plus grande obligeance. Il s'est long-temps occupé de la

---

(1) Chariot couvert à deux roues, garni à l'intérieur d'un banc le long de chaque côté, et qui sert de diligence pour les chemins de traverse en Catalogne et dans le Bas-Roussillon. Lorsqu'il est à quatre roues, il s'appelle *galère* et contient de dix à quinze places. La tartane en contient de huit à dix.

botanique de ce département, et c'est lui qui fournit à M. de Lapeyrouse toutes les plantes citées dans son *Histoire abrégée*, aux environs de Collioure, de Bagnols et de Prats de Mollo. Il nous permit d'examiner son herbier en détail, nous accompagna dans les courtes herborisations autour de la ville, et nous procura des guides et de bons renseignemens sur nos courses plus lointaines. La montagne de la tour du Mir, qui domine la ville, nous fournit des espèces bonnes et rares. Un paysan accoutumé à accompagner M. Xatard dans ses courses, fut à l'ermitage de Saint-Andiol nous chercher le *Lithospermum oleœfolium*, et j'en pris un autre pour me mener au Bac del Rau : localité où M. Xatard avait trouvé l'*Anthyllis erinacea*. J'en revins chargé le soir même, malgré la pluie, la distance et les chemins affreux qu'il fallut parcourir. Pour bien faire cette course, il vaudrait mieux coucher à Saint-Laurent de Cerda ou à Custoja et y consacrer au moins trois jours.

Prats de Mollo serait un des centres les plus commodes pour les herborisations de cette partie des Pyrénées, mais il faudrait y être quelques jours plus tôt pour les vallées chaudes du revers espagnol, quinze jours plus tard pour Costabonna et les autres montagnes élevées des environs. Nous le quittâmes le 14 au soir, et faisant passer le gros de nos bagages par le chemin le plus direct, nous chargeâmes un mulet du papier et des provisions qu'il nous fallait pour trois jours, et prîmes un guide pour nous faire traverser le Canigou. Nous fûmes, le soir même, au milieu d'une pluie battante, jusqu'à l'ermitage de Saint-Guilhen, cabane chétive au milieu des montagnes, composée de deux cavernes au rez-de-chaussée et de deux greniers au-dessus, dont l'un contenait deux lits grossiers, mais assez propres, et l'autre le grabat de l'ermite. Cet homme, petit, noir, trapu, vêtu d'étoffes grossières, effrayant par sa physionomie féroce, sa longue barbe noire et ses yeux ronds et étincelans, ne parlant que le catalan, nous reçut pourtant et nous servit de son mieux, sous les ordres de notre guide, propriétaire de l'ermitage et de plusieurs fermes des environs. L'ermite nous montra avec zèle sa chapelle ainsi que la cloche, marquée encore de l'empreinte des doigts de saint Guilhen, que ce personnage y laissa lorsqu'il façonna la cloche de ses mains en prenant le métal encore rouge dans le fourneau d'un fondeur. C'est une de ces traditions attachées presqu'à chaque objet tant soit peu remarquable par un peuple qui se rapproche de ses voisins espagnols en ignorance et en superstition.

Le 15, voyant que la pluie tombait toujours par torrens, nous n'osâmes pas d'abord entreprendre de traverser le Canigou, nous bornant à ramasser ce que nous pûmes trouver à une petite distance de l'ermitage ; mais, sur les midi, le temps s'éclaircit un peu, et nous permit de nous mettre en route. Notre récolte, ce jour-là, fut assez bonne en plantes alpines printannières jusqu'au sommet du Treizabents ; mais passé ce point, nous trouvant sur le revers septentrional, les masses de neige étaient encore très-étendues et nous ne vîmes que peu de plantes en fleurs. Descendant jusqu'au commencement des bois, nous nous arrêtâmes à Cady, cabane d'été pour les bergers, située au pied du principal sommet du Canigou.

Ayant passé ici une nuit assez bonne, grâce aux fatigues de la veille, à quelques brassées de paille que les bergers y avaient laissées l'année précédénte, et aux feux que nous tînmes toute la nuit tant en dehors qu'en dedans de la cabane, nous mîmes toute la journée du lendemain à descendre jusqu'à Prades, en nous chargeant de plantes à mesure que nous avancions. A Prades, nous trouvâmes M. Coder, pharmacien et botaniste zélé, qui, pendant notre séjour dans cette ville, nous procura toutes les facilités possibles pour les courses et les recherches que nous avions à faire. Comme M. Xatard, il nous ouvrit sa collection des plantes du département, en nous montrant plusieurs échantillons qui avaient servi de bases aux espèces de M. de Lapeyrouse ; il nous accompagna aussi dans une partie de nos courses et nous procura d'excellens guides pour les autres. Nos herborisations les plus importantes furent celles de la Troncade d'Ambouilla et de la Font de Comps. La première ne fut pas riche, presque toutes les plantes étant passées fleur ; mais celle de la Font de Comps nous réussit mieux : elle est sur-tout curieuse par les plantes alpines que l'on y rencontre mêlées avec celles des régions chaudes des plaines méridionales. La plupart des hautes vallées et des basses montagnes, à des expositions méridionales, offrent le même phénomène, les chaleurs de l'été permettant aux plantes méridionales de remonter au-dessus des plus basses limites des plantes alpines.

Après quatre jours de séjour à Prades, nous vîmes partir avec beaucoup de regret nos amis MM. Requien et Audibert, obligés de rentrer chez eux. M. Arnott et moi, nous continuâmes notre voyage en remontant le Confflent jusqu'à Mont - Louis. Nous arrivâmes l'après-midi, au milieu d'un orage violent, à la Cabanasse, petit village situé au pied de la forteresse, et plus commode pour nous que la ville même, à cause de la gêne occasionnée par la fermeture des portes pendant la nuit. Les deux premiers jours (22 et 23 juin) se passèrent principalement à sécher nos plantes et à faire nos préparatifs pour nos courses ultérieures. Cependant une petite herborisation aux environs de Mont-Louis, vers la Matte de Planès, nous fournit quelques bonnes plantes, sur-tout des mousses.

Le 24, nous entreprîmes la grande herborisation de la vallée d'Eynes, accompagnés d'un mulet chargé de provisions pour trois jours, de nos manteaux et de deux ou trois rames de papier. La première journée se passa en herborisant à droite et à gauche dans cette riche vallée et en traversant le col de Nouri qui la termine. Delà, descendant en Catalogne, nous arrivâmes le soir à l'ermitage de Nouri ; mais, pour notre malheur, un jour trop tôt. Le curé de Querals, qui passe toujours l'été dans ce vaste bâtiment, ne devait arriver que le lendemain ; le peu de lits qu'il y a étaient renfermés à clef, et nous n'y trouvâmes que quatre bergers, possédant, pour tout mobilier, deux couvertures, une marmite, une écuelle et deux cuillers de bois à eux quatre. Ne pouvant rien tirer d'eux, nous enveloppant de nos manteaux, nous nous établîmes de notre mieux sur les bancs autour d'un grand feu, qu'il nous fallut entretenir toute la nuit pour ne pas être transis de froid (1).

_____

(1) Dans l'intérieur de la Catalogne le feu est ordinairement par

Malgré nos précautions et malgré nos fatigues,
ayant peu dormi sur un aussi mauvais lit, nous nous
amusâmes le matin, en attendant le jour, à observer
les procédés culinaires des pauvres bergers, en écou-
tant les récits qu'ils nous faisaient du séjour de Mina
dans cet ermitage pendant la dernière guerre. Il paraît que ce général, repoussé de tous côtés par différens corps de troupes françaises, passa trois jours
ici au milieu des neiges dans des tentatives inutiles
pour redescendre dans la plaine sans rencontrer des
corps ennemis. Ayant enfin consommé ses provisions,
voyant ses soldats exténués de froid et de fatigue,
après avoir brûlé portes, fenêtres, meubles, et tout
ce qu'il put trouver de combustible, il se décida à
débander sa troupe en donnant rendez-vous à la Seo
d'Urgel. Lui-même, avec le plus grand nombre, se
hasarda à passer sous la ville de Puycerda, où le baron d'Éroles se tenait renfermé avec un corps de
royalistes espagnols, et d'où il ne fit aucun mouve-
ment pour arrêter Mina, par jalousie, à ce qu'on dit,
des Français, qui avaient forcé le général constitutionnel à prendre ce parti désespéré. Telle est l'histoire que racontent les habitans du pays toutes les
fois qu'on leur demande pourquoi ce vaste ermitage
est dépourvu non-seulement des quarante lits com-
plets qu'ils se vantent d'y avoir toujours tenus, mais
encore de presque toutes les fermetures et boiseries.

Le 25, nous descendions doucement le long de la
vallée sauvage et pittoresque de Querals, lorsque nous

---

terre, entouré d'une cloison de bois garnie de bancs; la cheminée
est en entonnoir, placée perpendiculairement au-dessus du foyer.

rencontrâmes l'avant garde du *senor Rector*, composée d'un homme armé d'un fusil, et de trois autres avec des pics et autres outils pour réparer le sentier dans les endroits où les orages l'avaient rendu presque impraticable pour les mules. D'aussi loin qu'ils nous aperçurent, ils s'arrêtèrent tout court, nous regardèrent bouche béante, et quand nous les passâmes, ils ne purent pas même répondre à la salutation ordinaire, *Di'os guarda*, que nous leur fîmes. Le soir, ils nous racontèrent qu'en nous voyant habillés de gris de la tête aux pieds, chargés de nos boîtes et de nos cartons, tenant un couteau ouvert d'une main et un bâton armé aussi d'un couteau de l'autre, ils nous prirent pour quelques brigands de race étrangère, et eurent tellement peur, que l'homme au fusil déclara que, s'il en avait eu la force, il aurait jeté son fusil et se serait enfui à toutes jambes. Bien prit le *senor Rector* que sa vaillante garde n'eût pas à le défendre contre d'autres brigands que deux pauvres botanistes !

Une demi-lieue plus bas, nous rencontrâmes sa seigneurie elle-même, avec le gros de sa suite, composée de huit ou dix hommes, trois jeunes et jolies servantes, et sept à huit mulets chargés de différentes provisions et ustensiles de ménage. Le curé, monté aussi sur un mulet, ne répondait nullement à l'idée qu'un si nombreux domestique en donnerait. Sale comme le dernier de ses valets; sa vieille soutane, d'une étoffe grossière, jadis noire; sa calotte enduite d'une couche épaisse de graisse; sa barbe de huit jours; le tout couvert de la tête aux pieds de taches de boue, de tabac, etc., le rendaient encore bien plus dégoûtant. Et quant à l'esprit, comme la plupart des curés de ce pays, son ignorance, son irréligion et ses mœurs dépravées n'étaient que faiblement voilées par quelques pratiques superstitieuses.

Rentrant à Nouri le soir, après avoir étalé nos plantes, nous apercevant que nos provisions s'épuisaient, nous demandâmes au curé s'il pouvait nous fournir à souper ; et sachant qu'en Roussillon les curés sont dans l'habitude de *donner* un repas aux voyageurs dans les endroits où il n'y a pas d'auberge, ce ne fut qu'avec une certaine crainte de l'offenser que j'ajoutai que nous paierions ce que nous prendrions; mais nous fûmes bientôt rassurés : « Pardi, » s'écria-t-il en catalan, je le crois bien que vous paie- » rez ; » ce dont nous fûmes bien convaincus le lendemain matin, lorsqu'il nous fit le compte suivant : une livre et demie de pain (noir), une piécete (1); une demi-livre de *rostes* (2), une piécete; *sopas* (3), pour trois (la liqueur seule sans le pain), une piécete; trois bouteilles de *rancio* (4), à une piécete chaque,

---

(1) La *piécete* vaut un peu plus qu'un franc.

(2) *Rostes*, jambon d'ordinaire bien sec et bien salé, frit dans de l'huile, qui est toujours très-rance en Roussillon et en Catalogne.

(3) *Sopas à l'aïgo,* soupe à l'eau. Dans une marmite contenant environ quatre litres d'eau, on fait bouillir une gousse d'ail, environ deux onces de lard et une pincée de sel; on verse cette liqueur sur des tranches de pain noir. Pour les paysans aisés, on y ajoute quelques cuillerées d'huile rance, ce qui fait la *sopas à l'oïllé.*

(1) *Rancio*, vin d'abord très-noir et épais, fait dans les parties maritimes du Roussillon et de la Catalogne. Au bout de dix à douze ans dans la plaine, de deux ou trois dans les montagnes, il devient assez clair, perd sa couleur, et acquiert un goût particu-

trois piécetes : total, six piécetes. « Et puis, ajouta-
» t-il, vous donnerez quelque chose à la fille pour le
» lit. » L'aubergiste le plus effronté n'aurait pas pu
faire un compte aussi exorbitant, car le tout ensemble
ne valait pas plus d'une piécete; mais il fallait bien
s'y soumettre, lorsqu'il disait pour toute réponse à
nos objections : « Vous êtes bien heureux encore
» d'avoir trouvé à souper dans un pays aussi sau-
» vage. »

Le 26, ayant traversé de nouveau le col de Nouri
et descendu la même vallée d'Eynes, en suivant le
pied du Cambredases, nous rentrâmes le soir à la Cabanasse chargés de plantes. Cette herborisation fut la
plus riche que nous fîmes dans tout notre voyage, tant
par le nombre d'échantillons que par la variété dans
les espèces. Pendant les trois jours, nous ramassâmes
cinq mille cinq cents échantillons. Nous y fûmes, il
est vrai, dans la saison la plus favorable, et cette herborisation n'étant guère que la seconde qui fût strictement pyrénéenne, nous dûmes y cueillir beaucoup
d'espèces assez répandues dans la chaîne; mais aussi
il y en eut beaucoup de très - rares, ou même que
nous n'avons vues que là.

Après une récolte aussi riche, il nous fallut quelques jours pour la sécher et l'arranger; aussi jusqu'au
3 juillet, nous ne fîmes que deux petites herborisations aux environs, et une troisième d'une journée,
jusqu'au sommet du Cambredases. Celle-ci fut assez

---

lier, qu'on appelle *rance*. C'est alors un vin excellent et de prix
dans le commerce; mais le curé de Nouri profitait au moins de
cent cinquante pour cent sur ce qu'il nous en fournit.

bonne, quoique sur le revers septentrional de la montagne, les plantes n'étaient pas bien avancées. Une partie de notre temps s'étant aussi passée dans la société de nos amis au fort, ce ne fut que dans l'après-midi du 3 que nous prîmes enfin le chemin de la Cerdagne. Notre absence de Mont-Louis devant être de dix à douze jours, nous nous fîmes suivre par deux mulets chargés de nos porte-manteaux et d'une dixaine de rames de papier.

Arrivés le soir même à Bourg-Madame, faubourg français de la ville espagnole de Puycerda, nous fûmes à la douane pour prendre des renseignemens sur les moyens d'éviter toute difficulté à l'égard de notre papier. Là nous apprîmes, à notre grand chagrin, qu'il fallait payer un droit en sortant de France; qu'il est prohibé à l'entrée en Espagne, et qu'il était sujet à un nouveau droit en rentrant en France. Nous étions au moment de renoncer à une herborisation que nous ne pouvions faire sans papier, lorsqu'un officier de la garnison française de la Seo d'Urgel, que nous avions déjà rencontré à Prades, arriva à Bourg-Madame pour rejoindre son régiment. Il nous promit de faire route avec nous; et bien sûrs, sous l'égide de son uniforme, d'échapper aux douaniers espagnols, nous prîmes notre parti. Quittant Bourg-Madame le lendemain matin, avant l'ouverture du bureau de la douane, on ne nous dit rien en sortant; et quant aux Espagnols, ils se gardèrent bien de nous inquiéter en voyant les épaulettes de notre ami.

Nous arrivâmes le soir à la Seo d'Urgel, après une course d'environ vingt lieues de poste, par un chemin raboteux et difficile, même pour les piétons. La beauté pittoresque du pays, le grand nombre de plantes que nous foulions aux pieds, nous faisaient bien regretter de ne pas pouvoir mettre plus de temps à ce trajet. Mais en nous séparant de notre compagnon (qui était à cheval), nous risquions de tout perdre; il nous fallut donc arriver avec lui, en ramassant à la hâte ce que nous trouvions sous la main. Malgré ces désavantages, nous fîmes ce jour-là quelques additions importantes à la *Flore des Pyrénées*, entre autres les *Sisymbrium lœvigatum*, *Trigonella polycerata*, *Trifolium parviflorum*, *Antirrhinum molle*, *Stipa parviflora*, etc.

Si la durée de l'occupation française, ou bien le rétablissement de la sûreté individuelle dans ce malheureux pays, permet aux botanistes de répéter cette herborisation, je leur conseillerais de s'arrêter pendant huit jours à Bourg-Madame, et delà faire des excursions d'un jour aux hauteurs de Jacca, de Caroll, et sur-tout dans la vallée de la Cerdagne espagnole, où les champs et les prairies sont assez mal tenus, et les terrains incultes assez multipliés pour fournir au botaniste de riches récoltes. Le voyage de la Seo occuperait deux journées, et même une troisième, passée aux environs du Martinet (où l'on coucherait par conséquent deux nuits), ne serait pas perdue.

La Seo d'Urgel, célèbre, dans la dernière guerre, par le séjour du Gouvernement provisoire et par les siéges qu'il a soutenus, est un mauvais bourg assez agréablement situé dans une petite plaine, à la réunion des trois vallées de la Sègre, de Bellver et d'Andorra. Les hautes montagnes qui l'entourent ont un aspect sauvage et pittoresque, en harmonie parfaite avec la rudesse des habitans, de leurs maisons, et gé-

néralement de tous les produits, tant de l'art que de
la nature. Les forts qui commandent la ville sont à
leur tour dominés par les hauteurs qui les entourent.
S'ils ont pu soutenir quelques siéges, c'est que jamais
on n'avait eu l'idée d'amener du canon dans un pays
éloigné de plus de quarante lieues de tout chemin pra-
ticable pour les voitures ; et lorsque, dans la dernière
guerre, les ingénieurs français y en transportèrent quelques pieces, ce ne fut qu'avec des peines infinies et en
mettant un mois au trajet de Mont-Louis à la Seo.
Cela fut fait pourtant avec tant de secret, que les
Espagnols, ne prenant aucune précaution pour s'assurer des mouvemens de leurs ennemis, n'avaient
pas la moindre idée de la possibilité d'une pareille
entreprise, lorsqu'un beau matin ils furent réveillés
par une décharge de bombes et de boulets. Ils furent
tellement effrayés, en levant les yeux, de voir la bat-
terie dressée pendant la nuit au-dessus de leurs têtes,
qu'ils ne tardèrent pas à rendre les forts. La ville
même est absolument intenable.

Nous passâmes quatre jours à la Seo, et quoique
dérangés par les gros orages qui y tombaient chaque
jour depuis plus d'un mois, nous fîmes deux ou trois
courses dans les environs. L'une, au sommet du
mont Cady, fut très-pénible, tant par la distance qu'il
fallait parcourir pour rentrer le soir même à la ville,
que par le mauvais état et l'extrême rapidité des
chemins qui y montent. Nous n'en rapportâmes pas
beaucoup de plantes, et à l'exception de quelques espèces très-alpines (*Ononis cenisia*, *Scutellaria alpina*,
Petrocallis pyrenaica, etc.), mêlées avec celles des
vallées chaudes, nous n'en vîmes que peu de remar-

quables. C'est sur-tout dans les vallées et le long de la Sègre, au-dessous de la ville, qu'on ferait, je crois, de riches récoltes.

Le 10, nous partîmes pour la vallée d'Andorre, emportant une provision de pain blanc et quelques autres comestibles. A peine sortis de la Seo, les officiers de la police vinrent nous demander nos passeports, qu'ils nous rendirent aussitôt, ne pouvant pas les lire. A la frontière, les douaniers, à leur tour, firent des questions sur notre papier; mais dès que notre guide eut répondu : « Ce sont des chirurgiens français, » et cela ne vous regarde pas, » ils se retirèrent en nous saluant avec respect. Delà à Andorre, le chemin suit une vallée profonde, pittoresque et variée, tantôt très-resserrée et hérissée de rochers presque perpendiculaires jusqu'à une grande hauteur, et dont la couleur sombre en rend l'aspect encore plus pittoresque; bientôt s'élargissant en petites plaines contenant toujours deux ou trois villages assez riches et peuplés, mais misérablement bâtis, et si noirs tant en dehors qu'en dedans, que je demandai si c'était la coutume de peindre les maisons en noir. On me répondit que ce n'était que l'effet de la fumée du bois de pin, qu'ils brûlent en hiver pour l'éclairage aussi bien que pour le chauffage.

Ayant déjeûné à Saint-Julia, principal entrepôt des contrebandiers, nous arrivâmes sur le soir à Andorre, capitale de la république. Nous étant arrêtés devant ce qu'on nous dit être la principale auberge, nous commencions à décharger nos mules, lorsque la vieille femme qui la tenait, apprenant que nous y voulions coucher, vint nous annoncer qu'il nous fallait cher-

cher fortune ailleurs; car le seul lit qu'elle possédait
était occupé par son mari malade. Par bonheur, Andorre renfermait un second cabaret, dont le maître
se portait assez bien pour se passer de son lit, et dont
par conséquent nous nous emparâmes. L'heure du
dîner arrive, autre difficulté : le boucher de la ville
venait seulement d'arriver d'un *voyage* (de contrebande, s'entend). La plupart des hommes de l'endroit
étaient absens pour de pareilles besognes, et le boucher ne se souciait pas de tuer de la viande dans une
saison où elle pouvait se gâter avant d'être toute ven-
due. Cependant, sur notre promesse de la prendre
tout entiere, il consentit à nous immoler une jeune
chèvre, laquelle, avec notre pain blanc de la Seo,
ajouté à tout ce que nous pûmes en trouver dans la
république (1), des *rostes* de jambon et quelques
pintes de lait, fut la meilleure chère que nous pûmes
avoir pendant notre séjour dans la vallée.

La vallée d'Andorre est un exemple remarquable
d'une société d'individus jouissant d'une liberté complète, sans soumission à aucun gouverneur politique
ni corps souverain. Sans police, sans passeports, sans
douanes, sans contributions, sans avocats ni méde-
cins; l'arbre de la liberté, planté dans chaque village,
leur rappelant à chaque instant qu'ils sont seuls maîtres de leurs actions, il semblerait qu'ainsi débarras-
sés de tout ce qu'il est d'usage d'appeler les pestes de
la société, ils devraient voir couler leurs jours dans
une heureuse et douce indolence; mais l'illusion est

_____

(1) Un pain à Saint-Julia , un autre à Andorre , la moitié d'un
à la Massane , et autant à Canillo.

bientôt détruite en y regardant d'un peu plus pres. Ils n'ont ni police ni passeports; aussi leur territoire sert de refuge à tous ceux que leurs crimes ou leurs querelles politiques obligent de chercher un asile. Ils ne payent ni contributions ni droits de douane; ils sont trop pauvres pour contribuer de quelque chose à la sûreté générale, ou pour introduire chez eux le moindre objet de luxe, dont ils peuvent se passer. Les avocats n'ont point à faire là où la seule loi est celle du plus fort; et quant à la médecine, elle y est remplacée par la charlatanerie et la superstition; et même quoiqu'ils n'aient point de souverain reconnu (l'autorité du viguier étant, pour ainsi dire, illusoire, même dans la capitale), ils ne sont pas si maîtres de leurs actions que leurs arbres de liberté le feraient croire. Vivant en général dans un état d'ignorance primitive, leurs curés, un peu moins abrutis que la masse, ont tout juste assez d'instruction pour régner en despotes au moyen d'une doctrine superstitieuse qu'ils appellent *religion*, doctrine aussi contraire à la moralité et à la bienfaisance de la vraie religion, que la servitude dans laquelle ils tiennent leurs paroissiens l'est à la liberté réelle et heureuse des sujets d'un État policé, régi par un code de lois justes, et administrés par un gouvernement éclairé.

L'occupation presque unique de ces républicains est la contrebande entre la France et l'Espagne, assez périlleuse, ou du moins assez coûteuse, sur une frontiere garnie de chaque côté d'un triple rang de douaniers, et peu profitable pour ceux-là même qui y réussissent le mieux. Ici, elle doit toujours se borner à des échanges de peu de valeur entre les provinces limitrophes.

3.

L'Espagne est trop arriérée pour fournir à la France des marchandises de valeur, trop pauvre pour en acheter à son tour. Quelques bonnets rouges (1), des *spardines* (2), du liége, un peu de tabac ou de chocolat, des sangsues et de temps en temps quelques piastres, sont à-peu-près tout ce qu'elle peut fournir en échange des chiffons, des mulets ou de quelques objets de luxe que la France lui envoie, indépendamment du commerce illicite des boissons qui se fait par-tout où il y a des droits réunis. J'ai bien de la peine à croire que ce soit pour si peu de chose que les Andorreins affrontent tant de périls, ou qu'un pareil commerce enrichisse si bien leurs commettans, les négocians de Caroll ; mais je n'ai jamais pu apprendre qu'il s'y échangeât rien de plus important. Telle est pourtant la passion de ces hommes pour ce commerce vagabond, ou plutôt tel doit être le profit qu'ils en tirent, qu'ils préfèrent louer des paysans de l'Ariége pour leurs moissons et fenaison, que de rester chez eux pour les rentrer eux-mêmes. Malgré le peu d'étendue des terres en culture, relativement à la population indigène, nous rencontrions par-tout, à l'époque de notre visite, des bandes considérables de ces ouvriers étrangers.

---

(1) Les Roussillonnais, comme les Catalans, portent des bonnets de tricot écarlate d'environ un pied et demi de long ; ceux qui sont fabriqués en Catalogne sont censés les meilleurs, et quoique leur introduction en France soit prohibée, les Roussillonnais n'en portent jamais d'autres.

(2) *Spardines*, *spardilles* ou *espardegnes*, espèce de sandales en ficelle, portées par les Roussillonnais, les Catalans et les Arragonnais : comme les bonnets rouges, on les préfère de fabrique espagnole.

Notre première course se fit le surlendemain de notre arrivée. Partis d'Andorre avant le jour, et remontant la branche occidentale de la vallée jusqu'au delà de la Massane, nous retournâmes ensuite sur la gauche et grimpâmes jusqu'au Port-Nègre, sur la limite des trois États de France, Espagne et Andorre. Suivant ensuite la crête du Coumallemps, nous redescendîmes dans la vallée en traversant un bois, et arrivâmes à Andorre à la nuit tombante. Nous fîmes ce jour-là environ vingt lieues de chemin, en parcourant toutes les variétés de sol et de climat qu'offre un pays de montagnes; tantôt traversant de riches vallées couvertes de moissons et de prairies, ou d'étroites gorges hérissées de rochers escarpés, sans la moindre indication de la présence de l'homme; tantôt montant au milieu de vastes forêts ou de pâturages étendus couverts de fleurs jusqu'aux limites des neiges éternelles, nous ramassions le même jour les plantes des deux climats opposés. Il n'est donc pas surprenant que, malgré le peu de temps que donne une journée pour une course aussi longue, nous revînmes chargés de plantes. Cependant je ne conseillerais pas à ceux qui reviennent dans la vallée de suivre nos traces. Il y a, par exemple, une haute montagne qui sépare la vallée d'Ordiño de celle de Canillo, qui me paraît devoir être bien plus riche, sur-tout sur le revers sud-est du côté de Canillo.

Le 10 juillet nous étant nécessaire pour sécher et arranger nos plantes, ce fut le lendemain 11 que nous quittâmes Andorre, après avoir satisfait aux demandes exagérées de notre hôtesse, et chargés du dernier quartier de notre chevreau ainsi que des restes du

pain de la Seo. Remontant la branche orientale de la
vallée, nous déjeûnâmes à Canillo, et delà nous mar-
châmes doucement vers Salden, comptant bien nous
y reposer, d'après le tableau qu'on nous avait fait des
bonnes auberges que nous y trouverions si près de
la frontière française; mais notre attente fut bien
trompée, lorsque, le soir, nous arrivâmes, au milieu
d'un brouillard épais, devant un amas d'une douzaine
de cabanes, groupées auprès d'un arbre de la liberté,
à l'extrémité de la vallée : on nous dit que c'était
Salden. Ce fut encore bien pis quand nous apprîmes
qu'il n'y avait point d'auberge, que le curé même
n'avait point de lit à donner. Nous croyions déjà avoir
à coucher au bivouac, malgré le mauvais temps,
lorsque enfin une vieille femme, qui logeait quelquefois les *commerçans*, nous promit un lit et à souper.
Mais quand il s'agit de le préparer, elle n'eut ni
viande, ni œufs, ni pain blanc, ni même de *rostes*.
Un vieux coq restait seul depuis long-temps dans la
basse-cour du village, et, faute de mieux, nous le
fîmes tuer et servir en fricassée, pour assaisonner le
pain noir, avec les restes du chevreau ; et un peu
de lait de chèvre, qu'on nous fut chercher à une
demi-lieue delà, nous ramollit le dernier des pains
de la Seo.

Mais, du moins, nous avions un abri, et nous pûmes
étaler notre récolte de la journée. Elle avait été riche
en plantes méridionales, depuis Andorre jusqu'à Canillo, et en plantes sous-alpines, sur-tout en ombel-
lifères, depuis ce bourg jusques un peu au-dessous
de Salden. Pour faire avec succès l'herborisation de
la vallée, je crois que c'est à Canillo qu'il faudrait

s'établir. On y vivrait mieux qu'à Andorre, et on serait plus au centre des sommités qui paraissent les plus fertiles. La chaîne de montagnes qui s'élève au sud-est doit être riche, et la vallée même produit beaucoup de bonnes plantes.

L'heure du coucher arrivée, on nous montra le lit, dont l'aspect seul nous dégoûta, malgré nos fatigues. Comme c'est celui dont se servent les principaux paysans de la république, je vais le décrire. C'était un grand sac en peaux de moutons non tannées, dont la laine était en dedans. Les Andorreins se déshabillent et entrent dans ce sac, qui doit les tenir chaudement, il est vrai; mais aussi ils y couchent avec une compagnie qui me paraîtrait trop nombreuse pour permettre le repos. Heureusement pour nous, notre hôtesse avait un grand drap, dont nous enveloppâmes le lit; et serrant ensuite nos habits autour des poignets et des pieds (précaution que nous prenions toujours dans les auberges andorreines), nous passâmes une nuit assez tranquille.

Notre projet avait été d'herboriser le lendemain dans les rochers des environs de Salden, où nous serions revenus le soir; mais nos provisions étaient épuisées, et le temps n'était pas assez beau pour nous engager à nous contenter de celles des paysans. Nous quittâmes donc à quatre heures du matin la cabane de notre hôtesse (qui nous fit payer neuf francs pour le vieux coq, le lait et le pain noir); et traversant le port de Puymorain, nous descendîmes enfin dans la vallée française de Caroll. Là, nous passâmes devant cinq ou six postes de douaniers sans que personne s'inquiétât de ce que nous portions, et arrivâmes le soir à Bourg-Madame, apres une marche de plus de vingt lieues, par une pluie constante. Nous ne ramassâmes presque rien, et je ne crois pas même qu'avec un beau temps et plus de loisir, le botaniste trouve jamais que cette course compense la fatigue qu'elle lui donnerait. De Salden il vaut bien mieux visiter quelque pic escarpé et descendre ensuite dans l'Ariége, vers la ville d'Ax, que de suivre la vallée de Caroll.

De retour à Mont-Louis le 13 juillet, nous y passâmes quelques jours, en partie dans la société de nos amis, en partie en séchant et en expédiant nos plantes, mais sans faire une seule herborisation. Enfin, le 19, nous reprîmes nos courses en remontant le Capsir; et traversant delà la vallée d'Aude, nous fûmes coucher au Pla, petit village situé au pied des montagnes qui séparent cette vallée de celles de l'Ariége. Le lendemain, nous les traversâmes par le port de Paillères, et arrivâmes le soir à Ax, après avoir récolté beaucoup de plantes, sur-tout sur le revers oriental du port. Cette montagne est attachée à la chaîne du Llaurenti, qu'on dit être la plus riche dans toutes les Pyrénées, mais que nous n'eûmes pas le temps d'explorer.

Pendant les trois jours de notre séjour à Ax, nous ne fîmes qu'une seule courte herborisation à une demi-lieue de la ville. Les montagnes qui la dominent ont un aspect qui promet beaucoup; mais le temps nous manquait déjà. Pressés d'arriver dans les Hautes-Pyrénées, nous descendîmes à Foix par la première diligence. Obligés d'attendre un jour dans cette dernière ville, nous cueillîmes dans les environs quelques

plantes assez bonnes, mais beaucoup trop avancées.
Le 25, nous quittâmes Foix et fûmes coucher à Saint-
Girons, et le lendemain matin, remontant une vallée
très-riche et populeuse, nous fûmes déjeûner à Cas-
tillon et nous y préparer pour traverser le Crabère.
Nous eûmes pourtant bien des difficultés à surmonter : d'abord c'était jour de marché, et tout le monde
était trop affairé pour nous écouter ; puis les gendarmes, peu accoutumés à voir des botanistes, ob-
jectaient à ce que nous traversions les montagnes au
lieu de suivre la grande route de Saint-Béat ; ensuite
on ne trouvait ni mulets ni guides. Je croyais déjà
qu'il nous faudrait y renoncer. Enfin, notre hôte se
décida à nous louer son propre mulet, malgré les la-
mentations de toute sa famille, qui fit à l'animal chéri
des adieux aussi tendres que s'ils allaient perdre le
meilleur de leurs amis. Le muletier auquel on le con-
fia, ne connaissant pas la montagne où nous allions,
nous procura, à Sentem (au fond de la vallée), un
guide qui nous assura bien connaître le chemin jusqu'à Melles, et qu'on y passait souvent à mulet. D'a-
près les renseignemens qu'on nous donna, nous fîmes
le projet de coucher dans une grande cabane établie
sur la crête du Chichoy (Sissoy de Lapeyrouse, Chi-
choué de la carte de Cassini), comme poste d'observation dans la dernière guerre. Cependant, dès la
première montée, nous vîmes combien on nous avait
trompés sur la facilité du chemin ; il montait si rapi-
dement au milieu des bois et des rochers, qu'il fallait
de temps en temps décharger le mulet, transporter les
bagages sur le cou, puis prendre la pauvre bête par la
tête et la queue, et la faire ainsi traverser les mau-

vais pas. Ces portages nous causerent tant de retards,
qu'à la sortie des bois, la nuit nous surprit auprès de
Rougé, petite cabane abandonnée, d'environ cinq pieds
en carré, bâtie sans mortier, et dont le sol était couvert de grosses pierres brutes, sur lesquelles il fallait
coucher. Nous y jouîmes pourtant de quelques heures
de sommeil, à côté d'un bon feu, et nous nous re-
mîmes en route dès trois heures du matin.

Le 27, après deux ou trois petits portages, le chemin s'améliora ; et persuadés que la descente du
côté de Melles était aussi bonne que l'on nous la dé-
peignait, nous fîmes attendre nos hommes sur le sommet du passage, et nous passâmes la journée à parcourir les rochers du Crabère. Satisfaits de notre
récolte, nous rejoignîmes nos guides sur les quatre
heures, pour prendre le chemin de Melles. A peine
avions-nous fait une demi-lieue, qu'il fallut recom-
mencer les portages ; et arrivés avec des peines infinies, sur les cinq heures, au sommet du passage de
Bassiouhé, notre guide nous déclara que nous étions
sortis de sa commune et qu'il ne connaissait plus le
chemin : un berger nous dit que delà jusqu'à Melles
il était impraticable pour les mulets et même très-
difficile pour les piétons. Le muletier déchargea sa
pauvre bête, qui ne pouvait presque plus se tenir sur
ses jambes, et s'en retourna vers Chichoy. Il était impossible de passer la nuit dans ces régions alpines
sans souper, sans feu et sans cabane, et nous ne
pûmes décider les bergers à venir transporter nos
effets jusqu'à Melles, éloigné d'environ cinq lieues
de poste. Ne pouvant faire mieux, cachant nos papiers dans les bois, nous chargeâmes le reste sur nos

épaules; j'en eus une soixantaine de livres pour ma part, et notre guide, qui était cause de tout notre embarras, fit bien des difficultés pour se charger de la moitié de ce poids. Ainsi chargés, nous descendîmes le long des ravins et de précipices rendus effrayans par les dégâts d'un orage violent, jusqu'à Melles, où nous parvînmes enfin sur les huit heures et demie du soir. Le lendemain matin, une jeune femme nous demanda la modique somme de deux francs, pour aller chercher nos papiers et revint au bout de six heures, portant sur la tête un poids de près de cent cinquante livres.

De Melles, nous nous rendîmes à Saint-Béat, où nous consacrâmes trois jours à parcourir l'herbier de M. Marchand, pharmacien, qui, ainsi que son père, avait fourni à M. de Lapeyrouse un très-grand nombre de plantes. Il nous permit d'examiner avec détail les échantillons qui avaient servi de base à plusieurs articles de l'*Histoire abrégée*, et nous accompagna très-obligeamment dans quelques petites courses que nous fîmes aux environs.

La saison étant trop avancée pour les basses montagnes des environs de Saint-Béat, nous nous rendîmes le 31 juillet à Bagnères de Luchon. Rentrés maintenant dans le cercle de la gaîté et des amusemens des *Eaux*, nous ne fîmes, dans cette dernière quinzaine de notre voyage, que deux herborisations importantes; mais aussi toutes les deux étaient au nombre des plus riches qu'on pût faire dans ces montagnes.

La première, celle du port et de la vallée de Benasque, nous prit trois jours. Nous couchâmes deux nuits dans la ville de Benasque, dans l'intention de passer la journée intermédiaire sur la montagne de Castanèse, fertile en plantes rares ; mais une pluie à verse, qui dura jusqu'à midi, ne nous permit de faire que de petites promenades autour de la ville. Réduits à n'y ramasser que les tiges desséchées de plantes d'ailleurs excellentes, nous n'eûmes d'autre amusement que de passer en revue un détachement de cinquante hommes arrivé pour renforcer la garnison du château. Ces pauvres malheureux, ayant une mine de décrotteurs, s'étaient partagé les armes et les accoutremens d'une dixaine d'hommes : l'un avait le schako ou la veste; un autre, les pantalons, les bas ou les souliers ; un troisième, le fusil ou le sabre, et ainsi de suite. Tel est l'état où nous avons trouvé partout l'armée nationale d'Espagne.

L'herborisation de l'Esquierry nous occupa deux jours : après avoir fait le tour de la vallée alpine de ce nom, nous y couchâmes dans une cabane de bergers et traversâmes le matin le passage qui conduit delà au port d'Oo. Arrivés à la crête, il se présenta à nos yeux une des vues de montagnes les plus belles dont j'aie jamais joui, et dont la magnificence naturelle, impossible à décrire, fut encore augmentée par l'état de l'atmosphère; un brouillard épais, couvrant toute la plaine, venait se terminer au bord de la chaîne élevée où nous nous trouvions, de manière à faire croire que nous étions seuls habitans d'une île montagneuse et déserte au milieu d'un océan immense.

Descendant ensuite par les lacs d'Oo à Bagnères de Luchon, nous en partîmes, le 11 août, par la vallée d'Aure, pour Bagnères de Bigorre. Là, nous séjournâmes deux jours, et deux autres à Toulouse, où M. Isidore de Lapeyrouse eut la complaisance de nous montrer l'herbier de M. son père, et enfin, le 19 août, nous étions de retour à Montpellier, après un voyage de trois mois et deux jours, pendant lequel nous avons desséché plus de douze cents espèces et trente-deux mille deux cents échantillons de plantes, pour la plupart bonnes et rares.

Afin de faciliter les recherches futures des botanistes, je vais ajouter ici quelques notes sur les précautions à prendre pour faire ce voyage avec fruit.

Je suppose d'abord que l'on se réunisse deux hommes assez forts pour ne craindre ni la fatigue des longues courses à pied, ni les mauvais gîtes de la nuit, ni la nourriture grossière du pays. Étant deux, on fait le voyage avec beaucoup plus d'économie et de succès que seul, sans parler de l'agrément d'avoir un compagnon dans ses recherches.

Pour le costume, j'ai trouvé que le meilleur est composé d'une veste et d'un pantalon de coutil gris, souliers gros et forts avec des guêtres courtes en cuir jaune, ou bien, dans certaines localités, des asperdègnes sans bas et une casquette garnie d'un rebord assez large pour garantir du soleil. On se pourvoit aussi des objets suivans :

Un habillement complet de drap et un bon manteau pour les nuits qu'on est obligé de passer sur les montagnes.

Un assortiment de linge, de souliers et autres habillemens de rechange.

Vingt à trente rames de papier gris pour sécher

les plantes ramassées en commun, et que l'on ne partage qu'à la fin du voyage. Il est convenable de l'avoir un peu plus petit que le format ordinaire des herbiers; mais on n'en trouve pas de cette grandeur dans les Pyrénées. Là, il est d'ordinaire très-petit : alors on est obligé de déployer les feuilles et d'en avoir environ trente rames.

Douze planches faites avec deux lames minces de bois de sapin collées l'une contre l'autre en croisant le fil du bois pour les empêcher de se voiler ou d'éclater. Elles doivent être de la grandeur du papier, et avec douze fortes courroies de cuir, elles forment la presse la plus commode pour le voyageur.

Pour mettre les plantes à mesure qu'on les ramasse, un carton pour chacun, composé de deux feuillets garnis en cuir et joints par des courroies que l'on relâche ou resserre à volonté, avec une bandoulière pour passer sur l'épaule; une boîte de ferblanc pour chacun, que l'on suspend aussi sur l'épaule par-dessus le carton, pour les grandes courses, et une troisième boîte pour le guide.

Une collection d'étiquettes déjà coupées; car on ne doit jamais se fier à sa mémoire pour l'indication des localités où l'on ramasse ses plantes, et en route on n'a pas le temps de couper des étiquettes. On aura aussi une ample provision de papier à écrire, de plumes et d'encre, que l'on ne trouve que rarement dans les montagnes.

On doit aussi porter sur soi :

Un gros bâton ferré ou bien une canne avec une serpette qui se visse au bout, et si les cannes des deux voyageurs peuvent s'attacher l'une au bout de l'autre, cela pourrait être utile pour atteindre les plantes qui croissent dans les fentes des rochers.

Un briquet, de l'amadou et des allumettes lors-qu'on doit coucher sur les montagnes.

Une paire de pistolets de poches. Nous n'en avions pas ; mais, sans cela, on ne doit pas se hasarder bien avant dans l'Espagne.

De forts couteaux, il faut toujours en avoir de re-change en cas qu'on les perde.

Une loupe, un canif, un crayon et un petit livret pour les notes.

Une petite gourde pour tenir un peu d'eau-de-vie, ou bien du sel de citron pour mêler avec l'eau lors-qu'on a trop chaud pour la boire pure.

Une bonne carte du pays que l'on parcourt. Celles de Cassini sont très-exactes pour les Pyrénées fran-çaises et nous furent très-utiles. Nous n'en avons trouvé que de très-mauvaises pour le revers espa-gnol.

Dans toute course montagneuse et difficile, il est essentiel d'avoir un guide qui connaisse bien le pays, indépendamment du muletier, obligé toujours de suivre le chemin. On trouverait même beaucoup d'avantage, si l'on veut en faire la dépense, de se faire accompagner pendant tout le voyage par le même homme, pourvu que l'on en rencontre un.qui soit habitué à toute la partie de la chaîne que l'on veut parcourir. Un pareil domestique faciliterait beaucoup la dessication des plantes, en aidant à les changer de papier, en faisant sécher le papier au four, et un grand nombre d'autres opérations mécaniques, très-ennuyeuses pour le botaniste. Pour cet emploi, je ne

connais personne de plus propre que le nommé *Mar-
tres*, garde champêtre à Bagnères de Luchon. Cet
homme fait le métier de guide depuis long-temps ; il
a accompagné la plupart des botanistes qui ont visité les Pyrénées ces dernières années, ce qui lui a
donné quelques connaissances en botanique, et un
goût passionné pour cette science. Toutes les montagnes du centre de la chaîne, ainsi qu'une partie des
Pyrénées orientales, lui sont parfaitement familières.
Il parle français, espagnol, catalan, ainsi que les pa-
tois espagnols d'Aragon et français de l'Ariége et de
la Gascogne. Il a, de plus, assez d'aptitude à sécher
les plantes, dont il a commencé depuis peu à faire
une collection pour la vente.

A l'égard des bagages, si l'on fait une course de
deux ou trois jours pour revenir ensuite au même
endroit, on n'a besoin, dans l'intervalle, que d'un
seul mulet pour transporter les provisions nécessaires,
deux ou trois rames de papier, et les manteaux et
habillemens de drap, en cas de mauvais gîte la nuit.
Si l'absence doit être de dix jours ou plus, ou si l'on
veut transporter le gros de ses bagages d'un endroit
à un autre, il faut deux mulets au moins (toujours
pour deux botanistes); car il faut se garder de trop
les charger, de peur d'éprouver des retards en chemin. Trois quintaux dans de bons chemins, deux
quintaux tout au plus dans les sentiers de montagnes, sont un bon chargement pour les mulets que
l'on trouve dans les Pyrénées.

On voit par là combien il est avantageux de choisir,
dans les parties où l'on veut herboriser avec soin, des
villes aussi centrales que possible, où l'on établirait

son quartier général et d'où l'on ferait des courses d'un ou de plusieurs jours, en y revenant toujours pour dessécher les plantes. Si l'herborisation n'a duré que la journée, et que l'on revienne le soir trop fatigué pour étaler ses plantes, on peut d'ordinaire retarder cette opération jusqu'au lendemain matin, et si la récolte a été bonne, il faudra un jour de repos, tant pour arranger ces plantes fraîches que pour changer de papier celles des courses précédentes. Si l'on s'absente deux ou trois jours, on doit, en arrivant le soir à l'endroit où l'on veut coucher, étaler un peu les plantes que l'on a récoltées, ne fût-ce que très-grossièrement, en mettant beaucoup d'échantillons dans la même feuille, et en ne se servant que de très-peu de papier. On les presse ensuite très-légèrement, et dès qu'on est de retour au quartier général, on les change de papier en les arrangeant avec plus de soin. Après une herborisation de deux ou trois jours, il faut deux jours de travail reposé. Si l'on s'absente pendant plus de trois jours, il faut s'arrêter de temps en temps pendant un jour ou deux, de même que si l'on était au quartier général.

Il est très-essentiel de ne négliger aucune formalité qui vous empêche d'être inquiété par les douaniers et les gendarmes, qui, dans les parties écartées de la chaîne, n'auraient pas les mêmes égards pour les botanistes et les curieux, qu'ils en auraient dans les Hautes-Pyrénées, où ils sont plus accoutumés à les voir. Son passeport et le passavant de ses mulets toujours bien en regle, le botaniste ne doit jamais montrer aucune hésitation à les faire voir lorsqu'il en est requis, quoiqu'il lui soit inutile ou même quel-

4

quefois préjudiciable qu'il s'offre à faire voir plus qu'on ne lui demande. Tant qu'il peut éviter ces Messieurs sans éveiller des soupçons, il se sera épargné les dé-sagrémens ou du moins le retard occasionnés par leurs visites. Une recommandation générale de la part du Préfet à la gendarmerie du département que l'on parcourt, pourrait aussi être très-utile si l'on a oc-casion de se la procurer.

En suivant, autant que nous l'avons pu, le plan que je viens de tracer, notre voyage de trois mois, depuis notre départ de Montpellier jusqu'a notre re-tour en cette ville, nous a coûté environ trois mille francs à nous deux, y compris les frais de diligence, le voyage de Barcelone, l'achat du papier et de la plupart des objets désignés ci-dessus, etc. Mais on pourrait facilement économiser encore beaucoup sur cette somme, en se bornant strictement à la botani-que. De cette manière, on pourrait très-facilement dessécher de quinze à dix-huit mille échantillons par mois.

Quant à la saison la plus convenable pour faire l'herborisation des Pyrénées, quoiqu'elle soit un peu différente pour les diverses parties de la chaîne, c'est pourtant une erreur de penser qu'elle le soit assez pour permettre de la parcourir toute la même année. Tout le temps se passerait en courant d'un lieu à un autre, et l'on ne rapporterait que peu de plantes. Trois années sont absolument nécessaires pour faire une bonne collection des plantes des trois régions des Pyrénées *orientales, centrales* et *occidentales.*

Pour les Pyrénées orientales, je proposerais l'iti-néraire suivant. Arrivant par Narbonne vers la fin d'avril, ou même un peu plus tôt, on ne s'arrêterait ici et à Perpignan que quelques jours pour ramasser ce qu'il y aurait de fleurs dans les rochers et les plaines les plus exposés au soleil. On déposerait à Perpignan la masse principale de son papier et les autres objets dont on n'a pas un besoin immédiat, et l'on pénétrerait le plus tôt possible en Espagne, jusqu'au point le plus méridional qu'on se propose d'atteindre. Supposé que l'on veuille aller jusqu'à Barcelone, on pourrait y passer dix jours; ce temps suffirait pour herboriser le long de la côte jusqu'aux montagnes situées à quelques lieues, au sud de la ville, et pour faire la course du mont Serrat.

De retour à Perpignan pour le 15 au plus tard, la seconde course serait celle des Albères et sur-tout des environs de Collioure et de Bagnols. On s'établirait dans cette dernière ville (si l'on ne craint pas une mauvaise auberge), et l'on pénétrerait en Espagne, d'abord le long de la côte, ensuite dans l'intérieur de la chaîne. Après y avoir passé huit ou dix jours, on se reposerait de nouveau à Perpignan, et l'on irait s'établir à Prats de Mollo jusqu'aux premiers jours de juin. Pendant ce séjour, on dirigerait ses courses vers les vallées espagnoles jusqu'à Olot et Camprodon; car les montagnes au nord de la ville seraient probablement encore couvertes de neige.

Revenant encore déposer à Perpignan la masse des plantes déjà récoltées, on pourrait encore passer huit jours à faire les herborisations de Leucate, de l'île Sainte-Lucie pour les *Statice*, et de Fontfroide près Narbonne pour les cistes, et si l'on a le temps avant de monter dans les montagnes, on passerait un jour à Cocas de Pena pour y chercher l'*Anthyllis cytisoides* et quelques autres plantes.

Vers le 10 juin, s'il est possible, ayant expédié de Perpignan toutes les plantes déjà sèches et généralement tout ce dont on croit n'avoir plus besoin, on remonterait le Confflent, en s'arrêtant d'abord à Prades pour visiter la Font de Comps. Je ne conseille pas de monter sur le Canigou ; on retrouverait ailleurs les plantes de cette montagne, peu riche en elle-même, et la course serait assez pénible. Il convient mieux de gagner Mont-Louis le plus tôt possible, et d'y établir son dépôt dans le faubourg appelé la Cabanasse, où il y a une bonne auberge, et où l'on n'est pas gêné par les cérémonies militaires de la forteresse. Ici, on passerait tout le reste du mois de juin à pénétrer aussi loin que possible dans les vallées espagnoles par la Cerdagne, la vallée d'Eynes, etc. L'herborisation de la vallée d'Eynes devra être faite dans les derniers jours du mois, ou bien au commencement de juillet.

Delà jusque vers le 20 juillet, le botaniste emploierait très-bien son temps sur le Llaurenti, du moins, s'il faut en croire les rapports de ceux qui ont visité cette chaîne, car je n'y pas été moi-même. Ici, il faut observer que ce nom de Llaurenti, quoique adopté par tous les botanistes, est peu connu dans le pays. C'est la chaîne qui va depuis le port de Puymorain jusqu'à celui de Paillères, et qui sépare la vallée de l'Ariége, du Capsir et du Donnezan.

Vers la fin de juillet, on quitterait Mont-Louis pour s'établir à Ax, et delà on passerait quinze jours ou trois semaines à visiter les principales sommités de l'Ariége. Je ne les connais pas assez pour dire quelles sont les plus fertiles ; mais, en général, il faut s'informer de celles où les troupeaux ne montent que fort tard et qui sont le plus hérissées de rochers. Il n'y a que très-peu de plantes que l'on ne puisse trouver en bon état avant le 15 août, quoiqu'il y en ait beaucoup qui se conservent plus long-temps, de sorte qu'après cette époque, si l'on veut encore séjourner dans les montagnes, l'on ne doit visiter que les localités les plus froides et les plus élevées ; mais on ne peut pas espérer d'en rapporter d'aussi bonnes récoltes que l'on a faites jusque-là.

Pour les Pyrénées centrales, à moins que l'on n'y arrive du côté d'Espagne, ce qui n'est guère possible dans l'état où se trouve ce malheureux pays, il est inutile d'y aller avant la mi-mai. Alors on établirait son quartier général, pour toute la saison, à Bagnères de Luchon. On s'occuperait d'abord de recueillir dans les environs de cette ville et de Saint-Béat les plantes printanières qui seraient déjà en état, jusqu'à ce que les neiges soient assez fondues pour permettre de traverser le port de Benasque. Dès que ce passage est ouvert, il faut pénétrer en Espagne et passer, autant que possible, la dernière quinzaine de mai et la première de juin dans les parties basses du revers espagnol. Ce pays est très-peu connu et doit être extrêmement riche en bonnes plantes. Le botaniste aura certainement de grands obstacles à surmonter dans un pays aussi rude et sauvage sous tous les rapports, il ne pourra pas y dessécher un grand nombre d'échantillons ; mais la rareté et la variété des espèces le récompenseront des peines qu'il aura eues en les recueillant.

Avant la fin de juin, il faudra visiter, du coté de la France, les montagnes de Saint-Béat, le pic de Lhieris près Bagnères de Bigorre, et généralement les basses montagnes placées en avant de la chaîne, et les principales vallées du centre. Dans le commencement de juillet, on monterait dans des régions plus alpines, et l'on visiterait successivement le Crabère, le port de Vieille et les principaux ports et sommets delà jusqu'à Gavarni. Cette suite d'herborisations occupera tout le mois de juillet et la première quinzaine d'août, époque à laquelle on peut fixer la floraison de presque toutes les plantes alpines. Il y en a quelques-unes, il est vrai, que l'on ne trouve en état qu'au mois de septembre; et si l'on reste dans les Pyrénées pour jouir des eaux, on pourrait de temps en temps faire une bonne herborisation jusqu'à la fin de septembre; mais on ne rassemblera jamais autant d'échantillons qu'avant le 15 août. Quant à l'ordre à suivre dans les visites aux sommités alpines, il faut s'informer toujours de l'époque à laquelle les troupeaux montent sur chaque montagne, et tâcher de précéder ces ennemis des botanistes, qui ne respectent nullement les plantes rares.

Quant aux Pyrénées occidentales, je ne les connais presque pas; mais je pense qu'il faudra suivre la même règle, de visiter d'abord le revers espagnol, de revenir ensuite sur les basses montagnes du côté de la France, et de terminer sa tournée dans les régions alpines du centre. Aux bords de l'Océan, on trouve encore un grand nombre de plantes en bon état au mois de septembre.

En résumé, ce sont les Basses-Pyrénées et tout le

revers espagnol depuis l'Océan jusqu'à la Méditerranée, qui sont les moins connus. C'est là que le botaniste assez vigoureux pour surmonter tout ce qu'il y éprouverait d'obstacles, ferait de riches récoltes en plantes rares, et enrichirait probablement la science de plusieurs espèces nouvelles et curieuses.

CATALOGUE DES PLANTES

DES PYRENÉES

ET

DU BAS LANGUEDOC.

ACANTHUS
mollis. L.

ACER
campestre. L. — Comm.
Opalus. Ait. — A. opulifolium. Vill.
— Prats de Mollo.
platanoides. L.
pseudoplatanus. L.
monspessulanus. L. — B. Lang. Pyr.
or. Vallées chaudes des Pyr. cent.

ACHILLEA
Ageratum. L. — B. Lang. Pyr. or.
alpina. L.
* atrata. L.
chamæmelifolia. Pourr. — A. capillata. Lap. — A. falcata. Lap. — A. recurvifolia. Lap. herb., et in Steud.,
Nom. bot. — Confflent. Vallée d'Andorre.
millefolium. L. — Comm.
— purpurea.
* nana. L.
nobilis. L. — B. Lang. Pyr. or.
odorata. L.
Ptarmica. L. — Comm.
* setacea. W. et K.
tomentosa. L.

ACONITUM
Anthora. L.
Lycoctonum. L. var. pyrenaicum.
Ser. in DC. Prod. — A. pyrenai-
cum. DC. Syst. — Lap. Abr. excl.
syn. et descr. — Non L. nec Willd.
— A. lycoctonum. Lap. Abr. —
Pyr.
C'est la seule variété qui croisse dans
les Pyrénées, à ma connaissance; les échau-

ACONITUM
tillons conservés dans l'herbier de M. de
Lapeyrouse sont conformes aux descriptions de M. de Candolle, et non à celle de
l'*Hist. abr. p.* 3o5.
Napellus. L. — Pyr.
paniculatum. Lam. — A. neomonta-
num. Lap.

ACTÆA
spicata. L. — Pyr. élevées.

ADENARIUM Raf.
peploides. Grev. Fl. Scot. — Arenaria
peploides. L. non Lap. — Côtes de
l'Océan, mais non sur celles de la
Méditerranée.

ADENOCARPUS
parvifolius. DC. — Pyr. oc. jusqu'à
Bagnères de Bigorre.
* Telonensis. DC.

ADONIS
æstivalis. L. Cerdagne.
— citrina. — A. citrina. Hoffm. —
DC. — Confflent.
autumnalis. L. — Comm.
pyrenaica. DC. — A. apennina. Lap.
et Auct. — Vallée d'Eynes. Castanèse.
vernalis. L.

ADOXA
moschatellina. L. — Pyr. cent.

ÆGYLOPS
ovata. L. — Comm.
neglecta. Req. — B. Lang.
triuncialis. L. — Comm.

ÆTHIONEMA
saxatile. Br. — Thlaspi saxatile. L. —
Lap. — Lepidium marginatum. Lap.

5

Æthionema
abr. — Thlaspi marginatum. Lap.
Suppl. — Iberis pyrenaica. Lap. —
B. Lang. Pyr. or. Vallées espagnoles.

Æthusa
Cynapium. L.

Agrimonia
Eupatorium. L. — Comm.

Agropyron
acutum R. et S. — Bords de la Méditerranée.
caninum. Beauv. — Comm.
junceum. Beauv. — Bords de la Méditerranée.
repens. Beauv. — Comm.
rigidum R. et S.

Agrostis
alba. L. — Comm.
alpina. L. — Pyr. élevées.
canina. L.
diffusa. Host.
interrupta. L.
maritima. Lam. — Bords de la Méditerranée.
miliacea. L. — Perpignan.
pungens. Lam. — Bords de la Méditerranée.
stolonifera. L. — Comm.
vulgaris. L. — Comm.

Aira
articulata. Desf. — Collioure.
cespitosa. L. — Pyr. élevées.
canescens. L. — Bords de l'Océan.
caryophyllea. L. — Comm.
flexuosa. L. — Montpellier.
media. Gou. — B. Lang.

Airopsis
globosa. Desv. — Fontfroide , près
Narbonne.

Ajuga
Chamæpitys. L. — Comm.
Iva. L. — B. Lang. Pyr. or.
Au printemps, on le voit constamment
fructifier sans corolle,
pseudo-iva. DC. — Côte occidentale
de l'île Sainte-Lucie.
pyramidalis. L. — A. genevensis. L.
— Pyr.
reptans. L.—A. alpina. L.?—Comm.

Alchemilla
alpina. L. — Pyr. élevées.
arvensis. Scop. — Comm.
hybrida. Hoffm. — A. pubescens.
Lap. non Bieb. — Pyr. cent. et or.
pentaphyllea. L. — Pyr. cent. (ex
herb. March.)
vulgaris. L. — Pyr.

Alisma
natans. L. — Landes des Pyr. oc.
Plantago. L. — Comm.
ranunculoides. L. — Comm.
repens. L. — Landes des Pyr. oc.

Alliaria
officinalis. Andrz. — Comm.

Allium
ambiguum DC.—A. ericetorum. Lap.
—A. serotinum. Lap.—A. suaveolens. Lap. — Pyr. cent.
ampeloprasum. L.
angulosum. L. — Pyr. cent. et or.
carinatum. L. — Montpellier.
Chamæmoly. L.
descendens. L.
flavum. L.
magicum. L.
Moly. L.
moschatum. L. — Montpellier.
narcissiflorum. Willd.
nigrum. L. — Montpellier.
oleraceum. L.
pallens. L.
parviflorum. L.
roseum. L. — B. Lang. Pyr. or.
rotundum. L.? — Benasque.
schœnoprasum. L. — Pyr.
—alpinum. DC. Fl. fr. — A. foliosum.
DC. Suppl. — Pyr. cent.
scorodoprasum. L. — Montpellier.
sphærocephalum. L. — Comm.
subhirsutum. L.
triquetrum. L. — Au-dessus de Collioure.
ursinum. L. — Pyr. cent.
victoriale. L.
vineale. L. — Comm.

Alnus
glutinosa. Gærtn. — Comm.
incana. Willd.

Alopecurus
agrestis. L. — Comm.

ALOPECURUS
bulbosus. L. — Bords de la mer,
près Montpellier et à l'île Sainte-
Lucie.
geniculatus. L. — Comm.
pratensis. L. — Comm.

ALTHÆA
cannabina. L. — Comm.
hirsuta. L. — B. Lang. Pyr. or.
narbonensis. L. — Bords de la mer,
près Montpellier.
officinalis. L. — Comm.

ALYSSUM
alpestre. L. Lap.— A. incanum. Lap.
— A. montanum var. Lap. — Cerdagne.
calycinum. L. — Comm.
campestre. L. — B. Lang. Pyr. or.
halimifolium L. — Villefranche , de
Bellwer à la Seo d'Urgel.
+ macrocarpon. DC.
— pyrenaicum. DC. Fl. fr. — A. pyrenaicum. Lap. — Font de Comps.
maritimum. Lam. — Bords de la Méditerranée.
montanum. L. — Pyr. élevées.
— diffusum. — A. diffusum. DC. —
Vallée d'Eynes , Cambredases.
Cette var. ne diffère de l'état ordinaire
de l'espèce que par ses silicules un peu
plus grandes et elliptiques, au lieu d'être
orbiculaires, ce qui ne peut constituer une
espèce, dans un genre où les silicules sont
si variables.
spinosum. L. — Montpellier. Narbonne.

AMARANTHUS
albus. L. — B. Lang. Pyr. or.
Blitum. L. — Blitum virgatum. Lap.?
— Comm.
prostratus. Balb.—Blitum capitatum.
Lap. — B. Lang. Pyr. or.
sylvestris. Desf. — Comm.
L'A. caudatus est commun aux environs
de la Seo d'Urgel ; mais il y est probablement provenu de quelque jardin d'orne-
ment, quoiqu'il y ait long-temps qu'il n'en
existe plus à la Seo.

AMELANCHIER
vulgaris. Moench. — Comm.

AMMI
glaucifolium. Lap.
majus. L. — Comm.
Visnaga. Lam.—Narbonne. Toulouse.

ANACYCLUS
clavatus. Pers.
radiatus. Lois. — Bords de la Méditerranée.
purpurascens. Pers. — Bords de la
Méditerranée.
tomentosus. DC. — B. Lang. Pyr. or.
valentinus. L. — Entre Perpignan et
Prades.

ANAGALLIS
cœrulea. Schreb. — Comm.
phœnicea. Lam. — Comm.
tenella. L. — Comm.

ANAGYRIS
fetida. L.

ANARRHINUM
bellidifolium. Desf. — B. Lang. Pyr.
or.

ANCHUSA
angustifolia. L.
arvensis. Lehm. — Comm.
italica, Retz. — Comm.
paniculata. Ait.
undulata. L.

ANDROMEDA
* polifolia. L.

ANDROPOGON
angustifolius. Sm. — A. Ischœmum.
DC. et Auct. — Comm.
distachyus. L. — Bagnols.
Gryllus. L. — Montpellier.
hirtus. L. — Collioure. Bagnols.
Ischœmum. L.

ANDROSACE
* alpina. Lam.
bryoides. DC. — Pyr. élevées.
carnea. DC. — Pyr. élevées.
cylindrica. DC.—A. frutescens. Lap.
helvetica. R. et S.—A. imbricata. Lap.
maxima. L.
pubescens. DC. — Port d'Oo.
Cette espèce est-elle réellement distincte
de l'A. alpina ?
pyrenaica. Lam. — A. diapensioides.
Lap. — Pyr. cent.

ANDROSACE

villosa. L. — A. Chamæjasme. Lap. an
Wulf.? — Pyr. élevées.

Vitaliana. Lap. — Pyr. élevées. Cambredases.

ANDRYALA

lyrata. Pourr. — Rothia argentea.
Lap. — Crepis incana. Lap. — An-
drayala incana. DC. — Bords de la
Tet. La Seo d'Urgel. Vallée de
Gistain.

Je possède des échantillons cueillis à
Perpignan, en automne, et qui sont de-
venus parfaitement conformes à ceux que
j'ai reçus, dans la même saison, de la
vallée de Gistain.

† runcinata. Pers.

sinuata. L. — Comm.

Il me semble que ces deux espèces devraient être réunies de nouveau.

ANEMONE

alpina. L. var. major. DC. — Pyr. élevées.

— sulphurea. DC. — Pyr. or. Canigou. Font de Comps.

Coronaria. L. — Montpellier.

Halleri. All.

narcissiflora. L. — Pyr. élevées.

nemorosa. L. — Pyr. — Toulouse.

ranunculoides. L. — Pyr. cent. (ex
herb. March.)

vernalis. L. — Pyr. or. et cent.

ANGELICA

Archangelica. L.

carvifolia. Spr.

pyrenaica. Spr. — Pyr.

Razulii. Gou. — Pyr. Mont - Louis.
Vallée d'Andorre.

sylvestris. L. — Comm.

ANTHEMIS

altissima. L. — B. Lang. Pyr. or.

arvensis. L. — Comm.

*australis. Willd.

*austriaca. L.

Cotula. L. — Comm.

incrassata. Lois.? — Narbonne. Pyr.
or.

maritima. L. — Bords de la Méditerranée.

mixta. L. — Perpignan. Toulouse.

montana. L. — A. Alpina Lap.?

ANTHEMIS

nobilis. L. — Comm.

*tinctoria. L.

ANTHOXANTHUM

odoratum. L. — Comm.

ANTHRISCUS

vulgaris. Pers.

ANTHYLLIS

cytisoides. L. — Casas de Pena, près
Perpignan.

erinacea. L. — Bac del Fau, près
Custoja, sur le revers espagnol des
Pyr. or.., où M. Xatard l'a trouvé.

Gerardi. L. — Collioure. Port Vendre.

montana. L. — Pyr. or. et cent.

tetraphylla. L. — Montpellier.

vulneraria. L. — Comm.

— coccinea. — A. vulnerarioides.
Req. — B. Lang.

ANTIRRHINUM

Asarina. L. — Pyr. or. et cent.

latifolium. Mill. — Villefranche. Perpignan.

majus. L. — Comm.

— hybridum. — Perpignan.

molle. L. — Dans les rochers de la
vallée de la Sègre, depuis Bellwer
jusqu'à la Seo d'Urgel, et de là en
remontant la vallée d'Andorre jusqu'au-dessus de St.-Julia.

Orontium. L. — Comm.

sempervirens. Lap. — Esquierry.

APARGIA

alpina. Willd. — A. pyrenaica Gou?
— Pyr. élevées.

autumnalis. Willd. — Pyr. Près
Montpellier.

crispa. Willd.

hastilis. Willd. — Pyr.

— hispida. — A. hispida. Willd. —
Pyr.

Dans les mêmes prairies, on voit des
individus entièrement glabres, et d'autres
plus ou moins hispides, sans pouvoir les
distinguer autrement.

incana. Scop. — Montpellier.

tuberosa. L. — Montpellier.

Villarsii. Lois. — B. Lang. Pyr. or.

APHYLLANTHES
monspeliensis. L. — B. Lang. Pyr. or.

APIUM
graveolens. L.

AQUILEGIA
pyrenaica. DC. — Pyr. cent. Marboré.
vulgaris. L. — Pyr.
viscosa. Gou. — Pyr. or. Font de
Comps.

ARABIS
alpina. L. — Pyr.
bellidifolia. Jacq.
ciliata. Br. — A. recta. Lap. non Vill.
— Esquierry.
hirsuta. L. — Turritis hirsuta. Lap.
— A. sagittata. DC. — Turritis multiflora. Lap. — A. integrifolia. Lap.
— Comm.
petræa. DC. — A. runcinata. Lap.
recta Vill. — A. auriculata. Lam. —
A. bellidifolia. Lap. non L. — Pyr.
or. Font de Comps.
saxatilis. All. — Vallée d'Eynes.
serpyllifolia. Vill. — M. Cady, près
la Seo d'Urgel?
stricta. Huds. — A. muralis. DC. —
Turritis arenosa. Lap. — Turritis
ciliata. Lap. — Comm.
Thaliana. L. — Comm.
Turrita. L. — Pyr. Pic Saint-Loup,
près Montpellier.
verna. Br. — Pyr. or. — Pic St.-Loup,
près Montpellier.

ARBUTUS
alpina. L. — Esquierry.
Unedo. L. — B. Lang. Pyr. or.
Uva ursi. — L. Pyr. cent. et or.

ARCTIUM
majus. Thuil. — Comm.
minus. Pers.
tomentosum. Pers.

ARENARIA
austriaca. — A. montana. Lap. non
L. — St.-Béat.
ciliata. L. — Pyr. élevées.
— multicaulis. DC. — A. multicaulis.
L. — Lap. — Pyr. élevées.
fasciculata. Gou. — Lap. — A. muta-
bilis. Lap. — Vallées espagnoles des
Pyr. cent.

ARENARIA
grandiflora. L. Lap. — A. triflora. L.
— Lap. — A. mixta. Lap. — A. saxatilis. Lap. — A. austriaca. Lap. ? —
A. Gerardi. Lap.? — A. laricifolia.
Lap.? — Pyr. élevées.
hispida. L. non Lap. — Capouladoux,
près Montpellier.
laricifolia. L. — Lap. ? — A. striata.
Vill. — Lap. — A. liniflora. Jacq. —
Lap. — Canigou. Vallée d'Andorre.
media. L. — Bords de la Méditerranée.
montana. L. non Lap. — A. cherle-
rioides. Lap? — A. hispida. Lap.?
— Pyr. or.
mucronata. DC. — Montpellier. Font
de Comps.
purpurascens. DC. — A. cerastoides.
Lap. — Pyr. cent. Port de Paillères.
rubra. L. — Comm.
— marina. L. — Bords de la Méditerranée.
serpyllifolia. L. — Comm.
tenuifolia. L. — Comm.
tetraquetra. L. var. aggregata. Gay.
— A. tetr. laxifolia. Ser. — Près
Montpellier. Vallée d'Andorre.
— uniflora. Gay. — A. tetr. densi-
folia. Ser. — Port de Benasque.
trinervia. L. — Comm.
verna. L. A. setacea. Thuil. — Pyr.
or. et cent.
— cæspitosa. Ser. — Pyr. cent.

ARISTOLOCHIA
Clematitis. L. — Comm.
longa. L. — B. Lang. Pyr. or.
Pistolochia. L. — B. Lang. Pyr. or.
rotunda. L. — B. Lang. Pyr. or.

ARMERIA
alpina. — B. Lang. — Pyr.
plantaginea. — Comm.
vulgaris.

ARNICA
*Bellidiastrum. Vill.
Doronicum. Jacq. — Pyr. cent. Es
quierry.
montana. L. — Pyr. or. Mont-Louis.
Canigou.
scorpioides. L. — Pyr.

ARNOPOGON
asper. Willd. — A. picroides. Willd.
— B. Lang. Pyr. or.
Dalechampii. Willd. — B. Lang. Pyr.
or. Toulouse.

ARTEMISIA
*Abrotanum. L.
Absinthium. L. — Comm.
arragonensis. Lam.
campestris. L. — A. procera. Lap.
— Comm.
*camphorata. Vill.
*chamæmelifolia. Vill.
crithmifolia. L. — Bayonne.
gallica. Willd. — A. palmata. Lap. —
Bords de la Méditerranée.
glacialis. L.
maritima. L. — Bords des deux mers.
Mutellina. Willd.
paniculata. Lam. — B. Lang. Pyr. or.
spicata. Jacq. — Pyr. élevées.
vulgaris. L. — Comm.

ARUM
Arisarum. L.
italicum. L. — Comm.
maculatum. L. — A. vulgare. Lam. —
A. pyrenæum. Lap. — Pyr. cent.

ARUNDO
altissima. Benth.

A. calicybus 3-5 floris, valvulis inæqualibus, exteriore flosculis dimidio breviore.

Il a le port de l'A. Donax, mais il est
plus grêle, plus élevé, et la panicule est
plus petite. Chaume de 15 à 20 pieds, nu
dans sa partie supérieure. Feuilles comme
dans l'A. Donax, excepté la languette, qui
est composée de longs poils. Panicule de
6 à 10 pouces, tournée d'un seul côté,
assez garnie. Pédicelles rudes. Calices à
3-5 fleurs, à valves obtuses, l'extérieure
de moitié plus courte que l'intérieure, qui
est presque égale aux floscules. Poils un
peu plus longs que le calice. Valve extérieure de la corolle entière, obtuse; l'intérieure à trois pointes très-courtes. — Nous
avons trouvé cette espèce sur les bords de
la mer, à Barcelone. Je l'ai insérée ici,
parce qu'on m'a assuré l'avoir trouvée à la
fontaine de Salces en Roussillon. Elle est
très-différente de l'A. Isiaca de Delile, qui a
les fleurs beaucoup plus grandes, de cou-

ARUNDO
leur dorée, les valves des bâles longues et
pointues, etc.
Donax. L. — B. Lang. Pyr. or.
mauritanica. Desf. — Sur la côte occidentale de l'île Sainte-Lucie, près
Narbonne.
Phragmites. L. — Comm.

ASPARAGUS
acutifolius. L. — B. Lang. Pyr. or.
amarus. DC. — Bords de la Méditerr.
officinalis. L. — Bords de la Méditerr.
tenuifolius. Lam. — A. sylvaticus.
W. et K.

ASPERUGO
procumbens. L. — B. Lang. Pyr.

ASPERULA
arvensis. L. — Comm.
Cynanchica. L. — Comm.
— maritima. Lois.
— saxatilis. DC. — A. pyrenaica. L.?
— A. multiflora. Lap. — Pyr. cent.
hirta. St.-Am. — Pyr. cent.
odorata. L. — Pyr.
*tinctoria. L.

ASPHODELUS
albus. Willd. — Pyr. Canigou.
fistulosus. L.
microcarpus. Viv. — Collioure. Port
Vendre.
ramosus. L. — B.-Lang. Pyr. or.

ASTER
acris. L. — Bords de la Méditerranée.
alpinus. L. — Pyr. élevées.
Amellus. L.
pyrenæus. L. — Esquierry.

Quoique je n'aie jamais cueilli cette espèce moi-même à la montagne d'Esquierry,
nous avons vu des pieds qui en prove-
naient dans le jardin de M. Marchand, à
St.-Béat, et dans un jardin à Bagnères de
Luchon. J'ai appris depuis que nous l'a-
vons cherchée trop bas et qu'elle se trouve
tout-à-fait au sommet de la crête qui fait
face au lac, du côté du nord. La plante se
rapproche assez de l'Aster Amellus.
Tripolium. L. — Bayonne.

ASTRAGALUS
aristatus. L'Hér. — Castanèse. Ga-
varne.
bayonensis. Lois.

ASTRAGALUS
* Cicer. L.
depressus. L.
Glaux. L.
glycyphyllos. L. — Pyr. Custoja.
hamosus. L. — B.-Lang. Pyr. or.
incanus. L. — B.-Lang. Pyr. or.
Cette espèce est assez difficile à distinguer de l'A. monspessulanus, dont elle se
rapproche, sur-tout lorsqu'elle croît, par
hasard, dans des terrains moins arides que
ceux où on la trouve d'ordinaire. Cependant, elle est toujours plus précoce, plus
petite, et tout entière, sur-tout les siliques, d'un vert blanchâtre.
massiliensis. Lam. — Sur les bords du
canal de la Nouvelle, dans l'île
Sainte-Lucie, près Narbonne.
monspessulanus. L. — Comm.
narbonensis. Gou. — Près Narbonne.
pentaglottis. L. — Cascastel, dans les
Basses-Corbières.
purpureus. L. — M. Cady, près la
Seo d'Urgel.
sesameus. L. — Cascastel. Montpellier.
Stella. L. — Montpellier.
ASTRANTIA
major. L. — Pyr.
minor. L. — Pyr. élevées. Vallée
d'Eynes. Port de Benasque.
ASTROLOBIUM
ebracteatum. DC. — Collioure. Bagnols.
scorpioides. DC. — Comm.
ATHAMANTHA
cretensis. L. — Pyr. or.
Libanotis. L. — Ligusticum ferulaceum. Lap. — Pyr. élevées.
ATRACTYLIS
cancellata. L.
humilis. L. — Capitoul près Narbonne. La Jonquière.
ATRIPLEX
angustifolia. L. — Comm.
* Halimus. L.
hastata. L. — Comm.
laciniata. L.
littoralis. L.
oppositifolia. DC.
patula. L.

ATRIPLEX
portulacoides. L. — Bords de la Méditerranée.
rosea. L. — Bords de la Méditerr.
ATROPA
Belladonna. L. — La Clause, près
Montpellier.
AVENA
alba. Vahl.
alpestris. Host.
amethystina. DC.
bromoides. Gou. — B. Lang. Pyr. or.
fatua. L. — Comm.
flavescens. L. — Comm.
præcox. Beauv. — Bords de l'Océan.
pratensis. L. — Comm.
pubescens. L.
sempervirens. Vill. — A. sedenensis.
DC.? — Pyr. or.
sterilis. L. — Comm.
tenuis. Moench.
versicolor. Vill. — A. glauca. Lap. —
Esquierry. Pyr. cent.
AZALEA
procumbens. L. — Pyr. élevées.

BALLOTA
nigra. L. — Comm.
BARCKHAUSIA
fetida. DC. — Comm.
intybacea. DC.
taraxacifolia. DC. — Comm.
BALSAMITA
suaveolens. Pers.
BARBARÆ
præcox. Br. — Pyr. or.
vulgaris. Br. — Comm.
BARTSIA
alpina. L. — Pyr. élevées.
spicata. Ram. — B. Fagonii Lap. —
Saint-Béat.
Trixago. Pers. — Collioure.
viscosa. L. — La Jonquière.
BELLIS
annua. L. — Bords de la Méditerranée.
perennis. L. — Comm.
sylvestris. Cyr. — B. Lang. Pyr. or.
BERBERIS
vulgaris. L.

BETA
maritima. L. — Bords de la Méditerranée.

BETONICA
Alopecuros. L.— Pyr. cent.
hirsuta. L.
officinalis. L.—Comm.
stricta. L.—Comm.

BETULA
alba. L.—Pyr.?
*nana. L.

BIDENS
cernua. L.—Pyr.
— radiata. — Pyr. Bagnères de Bigorre.
tripartita. L. — Pyr.

BIFORIS
testiculata. Spr.—Montpellier.

BISCUTELLA
ambigua. DC.—B. Lang.
cichoriifolia. Lois. — B. hispida. DC. — B. auriculata. Lap. non L. — Prades. Bagnères de Luchon.
lævigata. L. — Pyr.
lucida. Balb.
saxatilis. DC. — B. apula. Lap. non L.—B. coronopifolia. Lap. non L. — B. longifolia. Lap.— B. picridifolia. Lap. — Comm.

BISERRULA
*Pelecinus. L.

BORRAGO
officinalis. L.—Pyr. or.

BRACHYPODIUM
biunciale. R. et S.
cespitosum. var. α ramosum. — Br. ramosum. R. et S. — Festuca cespitosa. Desf. — Triticum cespitosum. DC. — Lang. Pyr. or.
— β. phœnicoides. — Br. phœnicoides. R. et S.—Triticum phœnicoides. DC. — B. Lang. Pyr. or.

La différence entre ces deux variétés ne provient que du terrain plus ou moins gras où elles croissent.

distachyon. R. et S. — B. Lang. — Pyr. or.
Halleri. R. et S.
loliaceum. R. et S. — Bords de la Méditerranée.

BRACHYPODIUM
maritimum. R. et S.— Bords de la Méditerranée.
pinnatum. R. et S.— Comm.
—rupestre. — B. rupestre. R. et S.
Poa. R. et S. — Montpellier.
tenellum. R. et S.— Montpellier.
tenuiflorum. R. et S.
unilaterale. R. et S.—B. Lang. Pyr. or.

BRASSICA
*alpina. L.
campestris. L. — B. alpina. Lap. — Comm.
Cheiranthos. L.—Sisymbrium vimineum. Lap. — Sisymbrium obtusungulatum γ , δ, ε Lap. — Sisymbrium acutangulum α Lap. —Pyr.
—alpina minor (caule foliisque hirsutissimis).— B. montana. DC.? — Sisymbrium obtusangulum, ζ Lap. —Turritis setosa. Lap.— Pyr. élev.
Erucastrum. L.
humilis. DC. —Derrière le pic Saint-Loup, près Montpellier.

Le B. arvensis Lap. est le B. Napus L. qui n'est point indigène dans les Pyrénées.

BRIZA
maxima. L. —B. rubra. R. et S. — B. Lang. Pyr. or.
media. L.— Comm.
minor. L. — B. virens. L. — Bords de la mer, près Montpellier. Bagnols. (Pyr. or.)

BROMUS
arvensis. L.— Comm.
asper. L. —Comm.
diandrus. Curt. — B. madritensis. L. — B. multispicatus. R. et S. — B. rubens. DC. — B. rigidus. R. et S. — Comm.
erectus. L. — B. glaucus. Lap. — Comm.
giganteus. L.
lanuginosus. Poir. — B. divaricatus. Rohde.— Près Montpellier.
maximus. Desf. — B. Lang. Pyr. or. Le long du canal du Languedoc, jusqu'à Toulouse.
mollis. L.—Comm.
racemosus. L.— Comm.

BROMUS
secalinus. L. — Comm.
squarrosus. L. — B. Lang. Pyr. or.
sterilis. L.—Comm.
tectorum. L.— Montpellier.
BRYONIA
*alba. L.
dioica. Jacq.— Comm.
BUFFONIA
annua. Lam.— B. Lang. Pyr. or.
perennis. Lam. — Narbonne. Pyr. or.
BULBOCODIUM
vernum. L.
BULLIARDA
Vaillantii. DC.
BUNIAS
Erucago. L.—Comm.
BUPHTHALMUM
aquaticum. L. — B. Lang. Pyr. or.
maritimum. L. — non Lap. — Bords
de la Méditerranée.
salicifolium. L. — B. maritimum.
Lap.?
spinosum. L.— Comm.
BUPLEVRUM
angulosum. L. — B. ranunculoides.
L.—B. repens. Lap. — B. obtusa-
tum. Lap. — B. graminifolium.
Lap.? non Vahl.— Pyr. élevées.
falcatum. L.—Comm.
— petiolare. — B. petiolare. Lap. —
Pyr. or.
fruticosum. L.—B. Lang. Pyr. or.
glaucum. Rob. et Cast. — Ile Sainte-
Lucie, près Narbonne.

C'est cette plante que plusieurs auteurs
ont indiquée sous le nom de B. semicom-
positum, que l'on n'a jusqu'ici trouvée
en France qu'au port Juvénal.

junceum. L. — B. Gerardi. Lap. —
Comm.
Odontites. L.—B. Lang. Pyr. or.
pyrenaicum. Gou.—Pyr. élevées.
rigidum. L.—B. Lang. Pyr. or.
rotundifolium. L.— Comm.
*stellatum. L.
tenuissimum. L.—B. Lang. Pyr. or.

Le B. oppositifolium. Lap. ne doit pas
être une ombellifère, ou bien l'espèce
doit être établie sur un échantillon mons-

BUPLEVRUM
trueux, et ne peut par conséquent être admise.
BUTOMUS
umbellatus. L.
BUXUS
sempervirens. L. — B. Lang. Pyr. or.
CACALIA
albifrons. L.— Pyr. élevées.
alpina. L.
CACHRYS
maritima. Spr. — Bords de la Méditerranée.
Morisoni. All. — Montpellier. Narbonne.
CAKILE
maritima. L. — Bords des deux mers.
CALAMAGROSTIS
argentea. DC.
epigeios. DC.
lanceolata. Roth.
littorea. DC. — Bords de la Méditerranée.
sylvatica. DC. — Pyr.
CALENDULA
arvensis. L.—Comm.
CALEPINA
Corvini. Desv. — Montpellier. Toulouse.
CALLITRICHE
aquatica. Sm.—Comm.
CALLUNA
Erica. Salisb.—Comm.
CALTHA
palustris. L.—Pyr.
CAMELINA
dentata. Pers.
sativa. Pers. — Alyssum utricula-
tum. Lap.—Pyr.
CAMPANULA
*Allionii. Vill.
*barbata. L.
†bellidifolia. Lap.
cespitosa. Scop. —Pyr. cent.
Cervicaria. L.
Erinus. L.—Comm.
glomerata. L.—Comm.
hederacea. L.—Pyr. cent.
hybrida. L.—Montpellier.
latifolia. L.—Pyr. cent.

6

CAMPANULA

linifolia. Jacq. α. glabra.—C. rotundifolia. var. β, γ. Lap.—Pyr.
— β. pubescens. — C. rotundifolia.
var. α, δ? Lap.—Pyr.
— γ. subuniflora. — C. rotundifolia.
I. α, IV. Lap.— Pyr. cent. (Lacs
d'Oo.)
* Medium. L.
patula. L.—Pyr.
persicifolia. L. — Pyr. Capouladoux
près Montpellier.
pusilla. Jacq. — C. rotundifolia , II.
Lap. — Pyr. cent. (Port de Benasque.)
rapunculoides. L.— Pyr.
Rapunculus L.—C. bellidifolia. Lap.?
— Comm.
rhomboidalis. L.—Pyr. (Crabère.)
— angustifolia. — C, lanceolata. Lap.
— Pyr. cent.
rotundifolia. L. — C. rotundifolia. I.
β , III. Lap.
speciosa. Pourr.—C. longifolia. Lap.
—Pyr. or. et cent. Capouladoux
près Montpellier.

Cette espèce varie beaucoup pour la
hauteur et le nombre de ses fleurs. D'après
les localités indiquées dans l'*Histoire abrégée*, je pense que c'est elle que M. de
Lapeyrouse a désignée sous les noms de
C. Allionii, barbata , Medium et thyrsoidea, dont aucune, à ma connaissance, n'a
encore été trouvée dans les Pyrénées.

Speculum. L.—Comm.
* thyrsoidea. Jacq.
Trachelium. L.—Pyr.
urticifolia. Schm.—Pyr.

CAMPHOROSMA

monspeliaca. L.—B. Lang. Pyr. or.

A Collioure nous avons observé une
variété remarquable de cette espèce, entièrement couverte de longs poils laineux.
C'était probablement une monstruosité
produite par la piqûre de quelque insecte.

CAPSELLA

Bursa pastoris. Moench.— Comm.

CARDAMINE

* amara. L. non Lap.
bellidifolia. L.—Pyr. élevées.
Ce Cardamine n'est point une simple

CARDAMINE

variété du C. resedifolia, comme le veu-
lent quelques personnes. Il est vrai que
ses feuilles ont quelquefois de trois à cinq
lobes larges , arrondis , et que le C. resedifolia a quelquefois les feuilles presque
entières , selon les localités. Mais dans
un même terrain, ou dans des terrains
analogues , le C. bellidifolia est constamment beaucoup plus petit que l'autre , et
conserve un port particulier. On ne peut
les rapprocher qu'en comparant, sur le
sec , un C. bellidifolia provenant d'une localité basse et riche, avec un C. resedifolia rabougri , pris dans une situation très-
alpine.

hirsuta. L. — C. sylvatica. DC.—C.
umbrosa. DC.—Comm.
impatiens. L.— Pyr. Toulouse.
latifolia. Vahl. — Pyr. or. Prats de
Mollo. Vallée d'Andorre.
parviflora. L.—Gramont près Montpellier.
pratensis. L. — C. amara. Lap. —
Comm.
resedifolia. L. — C. thalictroides.
All.— C. heterophylla. Lap.—Pyr.
élevées.

CARDUUS

acanthoides. L.—Comm.
† argemone. Lam.
carlinæfolius. Lam.— Pyr. élevées.
carlinoides. Gou. — Vallée d'Eynes.
— Pyr. cent.
crispus. L.
defloratus. L.
marianus. L.—Comm.
medius.Gou.—CnicusGouani. Lap.—
C. argemone. Lam.?—Pyr. élevées.
nigrescens. Vill. — B. Lang. Pyr. or.
nutans. L.—Comm.
tenuiflorus. Sm.—Comm.
— pedunculatus. — C. pycnocepha-
lus. L. —Narbonne.

CAREX

acuminata. Willd.
acuta. Willd.
agastachys. L.—Pyr.
ampullacea. Good.
arenaria. L.— Pyr. occ.
atrata. L.

CAREX
brachystachys. L.
brizoides. L.
cespitosa. L.—Comm.
* capillaris. L.
ciliata. Schk.
clandestina. Sm.—B. Lang. Pyr.or.
curta. Willd.
curvata. All.
Davalliana. Sm.
digitata. L.
dioica. L.
distans. L. —Montpellier.
divisa. Huds.
divulsa. Good.—Montpellier. Pyr.
† Dufourii. Lap.
elongata. L.
erecta. DC.
extensa. Good. — Bords de la mer
   près Montpellier.
ferruginea. Schk.
filiformis. L.
flava. L.—Montpellier. Pyr.
fetida. All. — Pyr. élevées. Esquierry.
frigida. All. — Pyr. élevées. (Chichoy.)
fulva. Good.— Bords de la mer près
   Montpellier.
glauca. Scop.—Comm.
gynobasis. Schk. — B. Lang. Pyr.
   or.
gynomane. Bert.—C. Linckii. Lap.?
hirta. L.— Montpellier. Toulouse.
hordeiformis. Vahl.
intermedia. Good.
juncifolia. All.
Kochiana. DC.
leporina. L.
limosa. L.
loliacea. L.
† macrostylon. Lap.
montana. Schk.
muricata. L.—Montpellier.
nemorosa. L.
nigra. All.—Pyr. élevées.
nitida. Hort. —Montpellier.
ornithopoda Willd. — Pyr. (Esquierry.)
ovalis. Good.
pallescens. L.—Pyr.(Canigou.)

CAREX
panicea. L.—Comm.
paniculata. L.
paradoxa. Willd.—Montpellier.?
pilosa. All.
pilulifera. L.—Pyr. Montpellier.
præcox. Schreb.—Comm.
pseudocyperus. L.
pulicaris. L.—Pyr. cent. Crabère. Benasque.
pyrenaica. Wahl.—C. denudata. Lap.
   — C. Marchandiana. Lap.—C. Ra-
   mondiana. DC. —C. Fontanesiana.
   DC.—Pyr. élevées. Esquierry.
remota. L.—Pyr.
riparia. Good.—Comm.
saxatilis. L.
schœnoides. Host.—Narbonne.
secalina. Vahl.
† sphærica. Lap.
stellulata. Good.—Pyr. (Canigou.)
stricta. Good.—Comm.
sylvatica. Huds.
teretiuscula. Good.
tomentosa. L.—Montpellier.
trinervis. Degl.
tripartita. All.
verna. All.
vesicaria. L.
vulpina. L. — Comm.
   Plusieurs Carex se trouvent à l'état
monstrueux que l'on appelle communé-
ment *vivipare :* je l'ai observé notamment
sur les C. vulpina, muricata, divulsa et
pilulifera.

CARLINA
acanthifolia. All.—Pyr. élevées.
acaulis. L.—Pyr. élevées.
corymbosa. L.—B. Lang. Pyr. or.
lanata. L.—Montpellier. Pyr. or.
vulgaris. L.—Comm.

CARPESIUM
* cernuum. L.

CARPINUS
Betulus. L.—Comm.

CARTHAMUS
lanatus. L.—Comm.

CARUM
Carvi. L.—Pyr.

CASTANEA
vesca. Gærtn.—Pyr.

CATABROSA
aquatica. Beauv. — Montpellier. Pyr.

CATANANCHE
cœrulea. L.— B. Lang. Pyr. or.

CAUCALIS
daucoides. L.—Comm.
grandiflora. L.—Comm.
latifolia. L.— Montpellier. Toulouse.
leptophylla. L.— B. Lang. Pyr. or.
maritima. Lam.—C. pumila. Gou.—
Ile Sainte-Lucie près Narbonne.
platycarpos. Lam. — Montpellier.
Toulouse.

CAULINIA
fragilis. Willd. — Montpellier.

CELTIS
australis. L.—B. Lang. Pyr. or.

CENTAUREA
* alba. L.
amara. L.—Comm.
—linearifolia. DC.— B. Lang. Pyr. or.
apula. Lam.— B. Lang. Pyr. or.
aspera. L. — C. seridis. Lap.? — C.
sonchifolia. Lap.?— Comm.
benedicta. L. — C. eriophora. Lap.?
— Montpellier.
Calcitrapa. L.—Comm.
* Centaurium. L.
† * centauroides. L. — B. Lang. Pyr.
or.
* cinerea. Lam.
collina. L.—B. Lang. Pyr. or.
Crupina. L.—B. Lang. Pyr. or.
Cyanus. L.—Comm.
* eriophora. L.
Jacea. L.—Comm.
intybacea. Desf.—C. leucantha. Pour.
— Ile Sainte-Lucie près Narbonne.
maculosa. Lam.—C. corymbosa. Pour.
— C. cœrulescens. Lap.— Bagnols.
(Pyr. or.)
* melitensis. L.
montana. L.— Pyr.
nigra. L.—Pyr.
nigrescens. Willd.—Pyr.
paniculata. L.—B. Lang. Pyr. or.
pectinata. L.—B. Lang. Pyr. or.
Phrygia. L.—Pyr. (Port de Paillères.)
Pouzini. DC.—B. Lang. Pyr. or.
pullata. L.—Montpellier.
† pyrenaica. Spr.

CENTAUREA
salmantica. L.—C. splendens. Lap.—
B. Lang. Pyr. or.
Scabiosa. L.— Comm.
* seridis. L.
seusana. Vill. — Pic Saint-Loup près
Montpellier.
* sicula. L.
solstitialis. L.—Comm.
Dans cette espèce, comme dans plusieurs autres, les individus qui ont survécu aux chaleurs des étés du Bas Languedoc, poussent, à l'automne, un très-grand nombre de petites fleurs, souvent agglomérées, le long des rameaux. L'aspect de la plante est alors tout différent, et la fait quelquefois prendre pour le C. melitensis, que je ne crois pas indigène des environs de Montpellier.
* sonchifolia. L.
uniflora. L.

CENTRANTHUS
angustifolius. DC.— Valeriana rubra
Lap. non L. — B. Lang. Pyr. or.
Calcitrapa. Dufr. — Comm.

CENTUNCULUS
minimus. L.

CEPHALARIA
* alpina. Schr.
leucantha. Schr. — Scabiosa leucantha. L. — Lap. — Sc. ochroleuca.
Lap.

CERASTIUM
Ayant eu occasion de rectifier une partie de la confusion dans le diagnose et la synonymie des auteurs anglais et français sur ce genre, je joins ici les caractères de toutes les espèces françaises que je connaisse.

SECT. ORTHODON SER. IN DC. PROD. I.
p. 415.

1. *Petalis calyce brevioribus l. vix longioribus.*

aquaticum. L. — Larbrea aquatica.
Ser. in DC. Prod. non St.-Hil. —
Comm.
Foliis cordatis, superioribus sessilibus; floribus laxè dichotomo-paniculatis; petalis bifidis, calyce vix longioribus; capsulis deflexis, ovatis, calyce longioribus.

CERASTIUM

vulgatum. L.—Comm.

C. hirsutum, pallidè virens; foliis-rotundato - ovatis, obtusissimis ; floribus densè dichotomo - paniculatis ; petalis linearibus, bidentatis, calyce vix longioribus ; capsulis ascendentibus, oblongis , calyce subduplò longioribus, dentibus subulatis.

— glomeratum. Ser.— C. ovale. Pers. —Montpellier. Toulouse.

Cette variété ne diffère du précédent que par ses fleurs tout-à-fait agglomérées en tête serrée.

viscosum. L. — Comm.

C. hirsutum, saturatè virens; foliis oblongo-lanceolatis; floribus laxè dichotomo-paniculatis ; petalis oblongis , bifidis, calyce brevioribus l. vix longioribus; capsulis deflexis incurvis; calyce subduplò longioribus , dentibus lanceolatis.

—α obscurum. — C. obscurum. Saint-Amans.

Caule elongato, basi procumbente, hirsuto, non viscoso; staminibus sæpiùs 10.

— Dans les lieux humides et gras.

— ♂ dichotomum.

Caule ramosissimo, dichotomo-divaricato, subviscoso, staminibus 5 - 10. — Dans les champs secs près Montpellier.

—γ semidecandrum.—C. semidecandrum. Ser. in DC. Prod. non L.?

Caule erectiusculo l. ascendente, viscoso, staminibus sæpiùs 5 - 6. — C'est la variété la plus commune dans le midi. Les étamines sont ordinairement au nombre de 5 ou 6 ; mais on en voit quelquefois 3 ou 4 seulement, et dans d'autres fleurs jusqu'à 8 ou 10.

— ♂ alsinoides. —C. alsinoides. DC.
— C. semidecandrum. β alsinoides Ser. in DC. Prod. —C. pellucidum Chaub. in Saint-Am. Fl. Agen. — C. murale. Desp. ?

Caule ramosissimo, humili, erecto, viscoso, staminibus 5 - 10. — Dans les champs et sur les murs les plus secs.

semidecandrum. L.? non Ser. nec Auct. Gall.— C. brachypetalum. Desp.

C. incano-hirsutum, caulibus erectis

CERASTIUM

ramosissimis, floribus dichotomis, corymboso-paniculatis; petalis emarginatis, calyce brevioribus; capsulis erectis, oblongis , rectis, calyce vix longioribus.

— α decandrum. — Dans l'ouest et le nord de la France.

— β pentandrum.—En Angleterre et en Écosse.

— γ tetrandrum.— C. tetrandrum. Sm. — Sagina cerastoides. Ser. in DC. Prod.—En Écosse.

Le nombre des étamines, celui des dents de la capsule, la viscosité des tiges et des feuilles, sont trop inconstans pour servir de caractères pour distinguer ces diverses espèces.

2. *Petalis calyce longioribus.*

latifolium. L.— Ser. in DC. Prod. non Hook. Fl. Scot. nec Auct. Angl. quorundam.

C. hirsuto-subviscosum ; caulibus prostratis, 1-rarò-3-floris; foliis ovatis ; floribus terminalibus; sepalis ovatis; petalis calyce triplò longioribus; capsulâ ovatâ, turgidâ, calycem superante. — Cette espèce est parfaitement caractérisée par ses grosses capsules ovales, renflées dans le milieu, quoique plus longues que le calice. Le port est aussi bien différent de celui des C. arvense, alpinum, etc. — Tous les échantillons que j'ai reçus d'Angleterre et d'Écosse, sous le nom de C. latifolium, appartiennent au C. alpinum et en ont la capsule. — Le vrai C. latifolium croît en Suisse; je n'en ai point vu d'échantillon pyrénéen, mais je ne doute pas qu'il croisse au Canigou et au Llaurenti où M. de Lapeyrouse l'indique.

alpinum. L.

C. pilosum ; caulibus basi prostratis, foliis ovatis l. ovali-oblongis, obtusis ; floribus paucis laxè dichotomo-paniculatis ; pedunculis glabris l. pilosis; petalis calyce subduplò longioribus ; capsulâ oblongo-cylindricâ, calyce demum subduplò longiore.

α lanatum. — C. alpinum Sm. Eng. bot. — Hook. Fl. Scot. —C. lanatum. L.— Lap.—Lam.— DC.—C.

CERASTIUM

atratum. Lap. — C. tomentosum.
Lap. non. L.

Feuilles épaisses , les inférieures arrondies , les supérieures ovales-oblongues ou quelquefois ovales-lancéolées , couvertes de poils laineux, plus ou moins épais, selon la localité plus ou moins alpine et découverte où il croît. — Comm. sur les montagnes élevées des Pyrénées.

— β piloso-pubescens.— C. alpinum. Ser. in DC. Prod.? et Auct. plur.— C. latifolium Hook. Fl. Scot. et Auct. Scot. non. L.

Feuilles ovales - oblongues, les supérieures ovales-lancéolées , couvertes, ainsi que la tige de poils moins laineux et plus rares que dans la var. α, et qui dégénèrent souvent en simple pubescence. — Beaucoup plus rare que la var. α ; il croît dans des situations moins élevées.

Ces deux variétés ont les feuilles épaisses et très-obtuses et la capsule oblongue, presque cylindrique, droite ou très-peu inclinée, et deux fois plus longue que le calice lorsqu'elle est parvenue à pleine maturité. — Les auteurs qui ont décrit la capsule comme arrondie ou globuleuse, paraissent l'avoir examinée dans un état imparfait.

arvense. L.

C. caulibus basi prostratis; foliis lanceolatis l. linearibus, acutis l. obtusiusculis ; floribus dichotomo-paniculatis , pedunculis plus minusve glanduloso - pubescentibus , petalis calyce subduplò longioribus, capsulâ oblongâ calyce longiore.

— α alpinum. — C. arvense. Lap.? — C. alpinum. DC. Fl. fr. non L.

Feuilles inférieures un peu élargies et obtuses , celles des jets stériles rétrécies aux deux extrémités, panicule lâche , pedoncules couverts de poils visqueux , le reste de la plante un peu velu.—Commun dans les Pyrénées , sur les montagnes , à des hauteurs moyennes.

— β glaberrimum. — C. lanatum β. Thomasianum. Ser. in DC. Prod.— C. glaberrimum. Lap.

Feuilles lancéolées , obtuses et entière-

CERASTIUM

ment glabres et lisses ainsi que toutes les parties de la plante. — Nous l'avons cueillie au Cambredases , à la vallée d'Eynes et vers le sommet de la vallée d'Andorre. Il est rare dans toutes ces localités.

—γ commune. — C. arvense. L. — C. repens. L.?

Feuilles allongées, pubescentes et blanchâtres ainsi que la tige , pedoncules très-légèrement glanduleux , panicule lâche et pauciflore. Très-commun dans le nord de la France ; il me paraît remplacé dans le midi par la var. δ, et dans les montagnes par la var. α.

— δ strictum. — C. strictum. L.— C. commune Ser. in DC. Prod. — C. lineare All.? — C. molle Vill.?

Tiges courtes , très-feuillées et légèrement poilues à la base , presque nues et couvertes de poils glanduleux dans la partie supérieure, feuilles linéaires ou linéaires-lancéolées , aigues ou un peu obtuses , panicule resserrée , pedoncules très-glanduleux. — Dans les vallées et basses montagnes chaudes et arides de la région de la Méditerranée.

Toutes ces variétés ont la capsule oblongue à-peu-près comme dans le C. alpinum, mais un peu plus courte. La forme et la consistance des feuilles , la nature des poils et le port sont les principaux caractères distinctifs de ces deux espèces.

suffruticosum. L. — C. laricifolium. Vill.— C. strictum α suffruticosum. Ser. in DC. Prod.

C. glabrusculum , caulibus basi prostratis , foliis lineari-subulatis, recurvis, subse cundis ; floribus dichotomo - paniculatis ; petalis calyce duplò longioribus; capsulâ oblongâ calyce longiori.

Cette plante a le port à-peu-près de l'Arenaria laricifolia , ce qui la fait distinguer au premier abord de l'espèce précédente, dont je ne puis la regarder comme variété , quoique la forme des feuilles soit presque le seul caractère que l'on puisse donner pour l'en distinguer.

CERASUS

avium. Moench.

CERASUS
Mahaleb. Mill.— B. Lang. Pyr. or.
Padus. DC.
CERATOCEPHALUS
falcatus. Pers. — Montpellier.
CERATOPHYLLUM
demersum. L.— Comm.
submersum. L.
CERINTHE
aspera. Roth.
major. L.— Narbonne.
minor. L.
CHÆROPHYLLUM
sativum. L.
sylvestre. L. — Comm.
CHAMAGROSTIS
minima. DC.—B. Lang. Pyr. or.
CHEIRANTHUS
Cheiri. L. — Comm.
CHELIDONIUM
majus. L.— Comm.
CHENOPODIUM
album. L.
ambrosioides. L.—Pyr. or. Toulouse.
Bonus-Henricus. L.— Comm.
Botrys. L. — Pyr. or.— Montpellier.
Toulouse.
ficifolium. Sm.—Comm.
fruticosum. Moench. — Bords de la
Méditerranée.
glaucum. L.—Comm.
hirsutum. L.
hybridum. L.
maritimum. L.
murale. L.— Comm.
opulifolium. Schrad.
polyspermum. L.
rubrum.
* salsum. Schult.
setigerum. DC.— Bords de la Méditerranée.
urbicum. L.
viride. L.
Vulvaria. L. — Comm.
CHERLERIA
sedoides. L.— Pyr. élevées.
CHLORA
imperfoliata. L. fil. — C. sessilifolia
Desv.— Bords de la Méditerranée.
perfoliata. L.— Comm.

CHONDRILLA
juncea. L.— Comm.
muralis. DC.— Pyr.
CHRYSANTHEMUM
* atratum. L.
* ceratophylloides. All.
* coronarium. L.
graminifolium. L.— B. Lang. Pyr. or.
Leucanthemum. L.—Comm.
maximum. DC. — C. grandiflorum.
Lap. — Pyr. Pic de Lhiéris.
Monspeliense. L. — Montagnes du B.
Lang. Pyr. or.?
montanum. L. — B. Lang. Pyr. or.
Intermédiaire entre les C. Leucanthemum et graminifolium, il ne peut être
réuni ni à l'un ni à l'autre, à moins que
l'on ne considère les trois comme ne
formant qu'une seule espèce.
segetum. L. — C. Myconi. Lap. —
Pyr. or.
CHRYSOCOMA
Linosyris. L. — B. Lang. Pyr or.
saxatilis. DC.
CHRYSOSPLENIUM
oppositifolium. L. — Pyr.
CHRYSURUS
cynosuroides. Pers.
echinatus. Beauv. — Comm.
CICHORIUM
Intybus. L. — Comm.
CICER
arietinum. L.
CICUTA
virosa. L.
CINERARIA
* alpina. L.
* aurantiaca. Hop.
* campestris. Retz.
* cordifolia. L. F.
+ integrifolia. Jacq.
longifolia. Murr. — Capsir.
Toutes ces espèces sont indiquées par
M. de Lapeyrouse dans les Hautes-Pyrénées, et presque toutes dans le Capsir;
je n'y ai vu que le C. longifolia. — Le
C. cordifolia, Lap., est certainement le
Senecio Doronicum. Il est probable qu'il
y a pareille erreur dans la désignation
d'une partie des autres.
maritima. L. —Bords de la Méditerr.

CINERARIA
Sibirica. L.
CIRCÆA
alpina. L. — Pyr. élevées.
lutetiana. L. — Pyr.
CIRSIUM
Acarna. DC. — B. Lang. Pyr. or.
acaule. All. — Pyr. Toulouse.
anglicum. DC.
arvense. Lam. — Comm.
bulbosum. DC.
canum. All.
echinatum. DC. — Le long du canal
de la Nouvelle, un peu au nord de
son entrée dans l'île Sainte-Lucie,
près Narbonne.
eriophorum. Scop. — Comm.
ferox. DC. — B. Lang. Pyr. or.
heterophyllum. All.
lanceolatum. Scop. — Comm.
monspessulanum. All. — B. Lang.
Pyr. or.
—pyrenaicum.—C. pyrenaicum. DC.
palustre. Scop. — Pyr.
rivulare. All.
† rufescens. DC.
spinosissimum. L.—C. glabrum DC.
— Port de Benasque.
tuberosum. L. — Montpellier.
CISTUS
albidus. L. — B. Lang. Pyr. or.
crispus. L. — Murviel, près Montpellier. Fontfroide, près Narbonne.
incanus. L.
Dans le jardin de Perpignan, il y en a
des pieds que l'on dit originaires des frontières d'Espagne, auprès de Bagnols.
ladaniferus. L.
laurifolius. L. — Près Montpellier.
Confflent.
Ledon. — Lam. — Près Montpellier.
longifolius. Lam. — Fontfroide, près
Narbonne.
Monspeliensis. L.—B. Lang. Pyr. or.
populifolius. L. — C. corbariensis.
Pourr. — B. Lang. Pyr. or. Près Toulouse.
C'est d'après des échantillons envoyés
par Pourret à Londres et à Paris, que
je me suis assuré que son C. corbariensis
est fait sur des pousses d'automne du C.

CISTUS
populifolius, et non sur une variété du
C. salvifolius, comme on l'a cru jusqu'ici.
salvifolius L. — B. Lang. Pyr. or.
Près Toulouse.
Dans les bois de Fontfroide, près Narbonne, qui sont remplis de Cistes, nous
avons observé quelques hybrides que je
n'énumère pas, puisque c'est de la description d'échantillons secs des hybrides
accidentels que provient, à mon avis, une
grande partie des difficultés de ce genre.
Cependant il y a des espèces évidemment
d'origine métis qui sont assez constantes
pour être adoptées comme espèces. Tels
sont les C. Ledon provenant des C. monspessulanus et laurifolius; et C. longifolius des C. monspessulanus et populifolius. Le C. florentinus (que nous avons
trouvé à la Granota, au-delà de Girone,
sur la route de Barcelonne) est probablement hybride des C. monspessulanus et
salvifolius. J'ai vu aussi plusieurs hybrides
entre quelques espèces à fleurs roses;
mais je n'en ai jamais observé entre des
espèces appartenant à des sections différentes du genre.
CLADIUM
germanicum. Schrad.
CLEMATIS
* alpina. L.
erecta. L. — Prats de Mollo. La Seo
d'Urgel.
Flammula. L. — B. Lang. Pyr. or.
—maritima. DC. — Bords de la Médit.
integrifolia. L.
Vitalba. — L. — Comm.
CLINOPODIUM
vulgare. L. — Comm.
CLYPEOLA
Jonthlaspi. L. — B. Lang. Pyr. or.
CNEORUM
triococcon. L. — B. Lang. Pyr. or.
CNIDIUM
alsaticum. Spr.
Monnieri. Spr.
pyrenæum. Spr. — Pyr. or. Vallées
espagnoles.
Silaus. Spr.
COCHLEARIA
officinalis. L.—C. pyrenaica. DC. —
Pyr. cent.

COCHLEARIA
saxatilis. Lam. — C. auriculata. Lam.
— Myagrum saxatile. L.— M. alpinum. Lap.— Cheiranthus auriculatus. Lap. — B. Lang. Pyr. or.
et cent.
COLCHICUM
autumnale. L.— Comm.
COLUTEA
arborescens. L. — Fontfroide , près
Narbonne.
CONIUM
maculatum. L.
CONVALLARIA
bifolia. L.
maialis. L.
multiflora. L.
Polygonatum. L. — Pyr.
verticillata. L.— Pyr.
CONVOLVULUS
althæoides. L. — Pyr. or.
arvensis. L. — Comm.
Cantabrica. L. — B. Lang. Pyr. or.
Toulouse.
lineatus. L. — B. Lang. Pyr. or.
— erectus.— C. intermedius. Lois. ?
—Montpellier.
* saxatilis. Vahl.
sepium. L.—Comm.
* siculus. L.
Soldanella. L.—Bords de la Méditerr.
CORIARIA
myrtifolia. L . — B. Lang. Pyr. or.
Toulouse.
CORIS
monspeliensis. L. — B. Lang. Pyr.
or.
CORISPERMUM
hyssopifolium. L.
CORNUS
mas. L.— Comm.
sanguinea. L.—Comm.
CORONILLA
emerus. L.— Comm.
glauca. L.—Capouladoux, près Montpellier. Fontfroide , près Narbonne.
minima. L. — C. coronata. L. — B.
Lang. Pyr. or.
varia. L.—Capouladoux, près Montpellier. Pyr.

CORRIGIOLA
† imbricata. Lap.
littoralis. L.—Pyr. or. Bayonne.
— thelephiifolia. — C. thelephifolia.
DC. — Perpignan.
CORYDALIS
bulbosa. DC.— Pyr. cent.
claviculata. DC. — Pyr. or.
tuberosa. DC.—Pyr. cent.
CORYLUS
Avellana. L. — Comm.
COTONEASTER
tomentosa. Lindl. — Pyr. or. Font de
Comps.
vulgaris. Lindl.— Pyr. or.
COTYLEDON
sedoides. DC.—C. sediforme. Lap.—
Sedum saxatile. β. Lap.? — Pyr.
élevées, dans les endroits où la
neige ne fond qu'au commencement de l'été.
Umbilicus. L.—Comm.
CRASSULA
Magnolii. L.—Montpellier.
rubens. L. — Sedum stellatum. Lap.
— Pyr.
CRATÆGUS
Azarolus. L.— B. Lang. Pyr. or.
oxyacantha. L.—Comm.
pyracantha. Pers.
CREPIS
biennis. L.
diffusa. DC.
scabra. Willd.
stricta. DC.
tectorum. L.— Comm.
virens. DC.— Pyr. or.
CRESSA
cretica. L.—Montpellier.
CROCUS
nudiflorus. Sm.—C. multifidus. Ram.
— Pyr.
vernus. L.—Pyr. élevées.
CROTON
tinctorium. L.—B. Lang. Pyr. or.
CRUCIANELLA
angustifolia. L.— B. Lang. Pyr. or.
latifolia. L. —C. monspeliaca. L. —
Capouladoux, près Montpellier.
maritima. L.—Bords de la mer, près
Montpellier.

7

CRYPSIS
aculeata. Ait.— Bords de la Méditerranée.
schœnoides. L.— Bords de la Méditerranée.
CUCUBALUS
baccifer. L.—Pyr.
CUSCUTA
major. DC. — Pyr.
minor. DC.— Comm.
monogyna. Vahl.— B. Lang.
CYCLAMEN
hederæfolium. Ait.?—C. europæum. Lap.?

J'ai retrouvé cette espèce avec M. Delile aux Capouladoux, à l'endroit même où Magnol l'avait indiquée. C'est probablement elle que M. de Lapeyrouse indique sous le nom de C. europæum à Saint-Paul de Fenouilhèdes dans les Corbières. C'est la seule espèce que je connaisse dans le midi de la France; mais est-ce bien le vrai C. hederæfolium ?

CYDONIA
vulgaris. Pers.— Comm.
CYNANCHUM
acutum. L. — C. Monspeliacum. L.? — Montpellier. Narbonne.
nigrum. Pers.— B. Lang. Pyr. or.
vincetoxicum. Pers.— Comm.
CYNARA
Cardunculus. L.— Basses Corbières.
CYNODON
Dactylon. Rich.— Comm.
CYNOGLOSSUM
* apenninum. L.
cheirifolium. L.—B. Lang.Pyr. or.
officinale. L. — Pyr.
pictum. Ait. — B. Lang. Pyr. or. Toulouse.
sylvaticum. Sm. — C. montanum. Lam. — C. officinale β. Lap. — C. pellucidum. Lap. — Pyr. cent. à la Hourquette d'Arreu. Beilloc (Pyr. or). Capouladoux, près Montpellier.
CYNOSURUS
cristatus. L.— Comm.
CYPERUS
flavescens. L.

CYPERUS
fuscus. L. — C. glaber. Lap. — Montpellier.
longus. L. — Comm.
Monti. L.
rotundus. L. — Perpignan.
CYTINUS
hypocistis. L. — Montpellier. Narbonne.
CYTISUS
argenteus. L.— B. Lang. Pyr. or.
capitatus. Jacq.—Custoja (Pyr. or.). Entre Mirande et Mielan (Gers).
† heterophyllus. Lap.
sessilifolius. L. — B. Lang. Pyr. or.
triflorus. Lam. — Collioure.
CZACKIA
Liliastrum. Andez. — Anthericum Liliastrum. L.

DACTYLIS
glomerata. L.— Comm.
—hispanica.— B. Lang. Pyr. or.
littoralis. Gou. — Bords de la Méditerranée.
DAPHNE
alpina. L. — Pyr.
Cneorum. L.— Pyr. élevées.
Gnidium. L. — B. Lang. Pyr. or.
Laureola. L. — Pyr. élevées.
Mēzereum. L.— Pyr. élevées.
DATURA
Stramonium. L. — B. Lang. Pyr. or. Toulouse.
Metel. L.
Tatula. L.— Entre Perpignan et Collioure.
DAUCUS
Carotta. L. — Comm.
— maritimus. Spr. — Bords de la Méditerranée.
— mauritanicus. Spr.— Pyr. or.
Gingidium. L. — Entre Collioure et Bagnols.
DELPHINIUM
cardiopetalum. DC. — D. peregrinum. Lap. et Autc.— D. Garumnæ. Lap.— Pyr. cent. et or. Toulouse.
Consolida. L. — Pyr. — Toulouse.
montanum. DC.

DELPHINIUM
pubescens. DC.—B. Lang.Pyr. or.
Staphysagria. L.
DENTARIA
pentaphyllos. L.—Pyr. cent. (Herb.
March.)
pinnata. Lam. — Pyr. cent. (Herb.
March.)
DIANTHUS
Armeria. L.— Comm.
asper. Willd.— D. serratus. Lap. —
Vallées des Pyr. or.
attenuatus. Sm. — Collioure. Bellegarde.
barbatus.L.— Pyr. cent. Esquierry.
Bagnères de Luchon.
Carthusianorum. L. — Pyr.
— atrorubens. Ser.— Pyr. or. Mont-
Louis.
caryophyllus. L.—B. Lang. Pyr. or.
deltoides. L. — Pyr. élevées.
furcatus. Galb.? — D. geminiflorus.
Lois.
gallicus. DC. — Bords de l'Océan.
glacialis. Hænck.? — D. alpinus. Lap.
hirtus. Vill. — Vallées des Pyr. or.
—? parviflorus.— Vallée d'Andorre.
monspessulanus. L.— D. monspeliacus. Lap. — D. plumarius. Lap.—
D. superbus. Lap. — Pyr. cent.

Je n'ai vu dans les Pyrénées qu'une
seule-espèce de Dianthus à pétales laciniées. Elle varie beaucoup quant à la longueur des écailles quelquefois n'attei-
gnant pas le milieu du tube du calice, et
de là, offrant tous les intermédiaires jusqu'à une longueur plus grande que celle
du même tube. Les pétales sont aussi de
grandeur très-variable, toujours plus ou
moins poilues. Ces variations m'ont sur-
tout frappé dans les prairies des environs
de Benasque , où cette espèce est très-
abondante.

prolifer. L. — Comm.
pungens. L.— Montagne de la Clape,
près Narbonne. Bellegarde.
sylvestris. Jacq. — Canigou.
virgineus. L.
DICTAMNUS
* albus. L.

DIGITALIS
lutea. L. — B. Lang. Pyr.
† purpurascens. Roth. — D. inter
media. Lap.?
C'est probablement une série d'hybrides
accidentelles qu'on a réunies sous ces noms,
en ce cas l'espèce doit être supprimée.
purpurea. L. — Pyr.
DIGITARIA
humifusa. Roth.
sanguinalis. Scop. — Comm.
DIOTIS
candidissima. Desf.—Bords des deux
mers.
DIPLOTAXIS
erucoides. DC. — Au pied du revers
méridional des Pyr. or. Figuières.
Non à St.-Béat.
muralis. DC. — Comm.
tenuifolia. DC.—Comm.
viminea. DC.— Rare.A l'île Sainte-
Lucie et dans les Basses-Corbières.
DIPSACUS
* ferox. Lois.
laciniatus. L. — Pyr. Toulouse.
pilosus. L.—Pyr. cent.
sylvestris. L.—Comm.
DORONICUM
Austriacum. Willd. — Pyr. cent.—
Vallée d'Andorre.
Pardalianches. L. — B. Lang.?
scorpioides. Willd. — Pyr. or. Prats
de Mollo.
DORYCNIUM
herbaceum. Vill.—Montpellier.
hirsutum. Ser.—Lotus pedunculatus
Láp.?—Comm.
rectum. Ser.—B. Lang. Pyr. or.
suffruticosum. Vill.—B. Lang. Pyr.
or.
DRABA
aizoides. L.—Pyr. élevées.
contorta. Ehrh.
muralis. L.—B. Lang. Pyr. or.
nemoralis. Ehrh.—Pyr.
nivalis. Willd.— Pyr. élevées.
stellata. Jacq.—Pyr. élevées.
—lævipes.—D. lævipes. DC.
—tomentosa. — D. tomentosa. Vahl.
—Pyr. élevées.

DRACOCEPHALUM
austriacum. L. — Font de Comps.

DROSERA
longifolia. L.—Pyr. oc.
rotundifolia.—Pyr.

DRYAS
octopetala. L.—Pyr. élevées.

ECHINARIA
capitata. Desf.—B. Lang. Pyr. or.

ECHINOPHORA
spinosa. L.— Bords de la Méditerranée.

ECHINOPS
Ritro. L.—B. Lang. Pyr. or.
sphærocephalus. L.— Pyr. or.

ECHINOSPERMUM
squarrosum. Lehm. — Pyr. (Cerd.)

ECHIUM
* creticum. L.
italicum. L. — E. luteum. Lap. —
B. Lang. Pyr. or.
pyrenaicum. L.—E. pyramidale. Lap.
B. Lang. Pyr. or.
violaceum. L.— Beziers. Narbonne.
Pyr. or.
—plantagineum.— E. plantagineum.
L.—E. megalanthos. Lap.—Beziers.
Narbonne. Pyr. or. Toulouse.

Lorsque cette plante croît en abondance dans un sol pauvre et aride, ses feuilles radicales se détruisent de bonne heure, la tige devient droite et simple, sur-tout à la base : c'est alors l'E. violaceum des auteurs. Lorsqu'au contraire elle trouve un sol gras (quoique sec), avec une pleine latitude pour s'étendre, sur-tout lorsqu'au bord des chemins elle a été foulée aux pieds, ses feuilles radicales prennent un grand accroissement, et sa tige se ramifie beaucoup à la base en s'étendant de tous côtés : c'est alors l'E. plantagineum. La roideur des poils varie beaucoup dans les deux cas.

vulgare. L.—Comm.
— var. staminibus inclusis. — E. italicum. Lap. non L.—Saint-Béat.

ELATINE
Alsinastrum. L.
hexandra. DC.
Hydropiper. L.

ELEOCHARIS
acicularis. Br.—Montpellier.
* ovata. Br.
palustris. Br.—Comm.

ELYMUS
europæus. L.

ELYNA
spicata. Schrad.

EMPETRUM
nigrum. L.—Pyr. élevées.

ENODIUM
cœruleum. Gaud.— Comm.

EPHEDRA
distachya. L.—Font de Comps.

EPILOBIUM
alpinum. L.—Pyr. élevées.
alsinefolium. Vill. —Pyr.
angustissimum. Ait.
hirsutum. L.—Pyr. Toulouse.
montanum. L.—Comm.
palustre. L.—Comm.
pubescens. Roth.—Comm.
roseum. Roth.
spicatum. Lam.—Pyr.
tetragonum. L.—Comm.

ERICA
arborea L.— B. Lang. Pyr. or.
ciliaris. L.—Pyr. oc.
cinerea. L.—Comm.
multiflora. L.—Pyr. oc.
scoparia. L. — B. Lang. Pyr. or.
Tetralix. L.—Pyr. oc.
vagans. L.— E. umbellata. Lap.? —
B. Lang. Pyr. or.
viridipurpurea. L.

ERIGERON
acre. L.—Comm.
alpinum. L. — E. murale. Lap.? —
Pyr. cent.
canadense. L.—Comm.
glutinosum. L.—B. Lang. Pyr. or.
graveolens. L.—B. Lang. Pyr. or.
uniflorum. L.—Pyr. élevées.

ERINUS
alpinus. L.—Pyr.
— hirsutus. Lap.—La Seo d'Urgel.

ERIOPHORUM
angustifolium. Willd.—Pyr.
capitatum. Hoffm.
polystachion. L. —Carex alopecuros.
Lap.—Pyr.

ERIOPHORUM
vaginatum. L.
ERODIUM
Ciconium. Willd.—Comm.
Cicutarium. DC.—Comm.
glandulosum. Willd.
littoreum. DC. — Ile Sainte-Lucie
près Narbonne.
malacoides. Willd.—Comm.
moschatum. Willd.—Toulouse à l'embouchure du canal.
petræum. Willd. — Montpellier.
Narbonne.
—lucidum. DC. — E. lucidum. Lap.
—Crabère. (Pyr. cent.)
—crispum. DC.—E. crispum. Lap.
romanum. Willd.—E. præcox. Lap.?
— B. Lang. Pyr. or. Toulouse.
EROPHILA
vulgaris. DC. — Comm.
ERUCA
sativa. DC. — Narbonne.
ERVUM
Ervilia. L.
hirsutum. L.—Vicia parviflora. Lap.
— Comm.
Lens. L.
monanthos. L. — Pyr. or.
tetraspermum. L.—Comm.
— gracile. Ser. — E. gracile. DC. —
Comm.
ERYNGIUM
* alpinum. L.
Bourgati. Gou.— E. alpinum. Lap.?
—E. planum. Lap.?—Pyr. élevées.
campestre. L.—Comm.
maritimum. L. — Bords de la Méditerranée.
* planum. L.
ERYSIMUM
alpinum. Baumg.
cheiranthoides. L. — Esquierry. Vallée d'Andorre.
helveticum. All.— Pyr. cent.
lanceolatum. Ait.—Pyr. or.
— multicaule. DC.—Pyr. élevées.
perfoliatum. Crantz. — B. Lang.
Pyr. or.
repandum. L.—Prats de Mollo.
ERYTHRÆA
Centaurium. Pers.

ERYTHRÆA
— pulchella. — Chironia pulchella.
DC. — Comm.
— ramosissima. — Comm.
— grandiflora. — B. Lang.
maritima. Pers.—Bagnols.
spicata. Pers.
ERYTHRONIUM
dens-canis. L. — Pyr. oc.
EUPATORIUM
cannabinum. L. — Comm.
EUPHORBIA
Pour la nomenclature et la synonymie de ce genre, j'ai suivi l'*Enumeratio Euphorbiarum quæ in Germaniá et Pannoniá gignuntur*, par Roeper, pour toutes les espèces qui se trouvent dans cette excellente Monographie. A l'égard de celles que cet ouvrage ne contient pas, et dont j'ai été obligé de rectifier les descriptions des auteurs, je me suis attaché à me conformer à la Glossologie de M. Roeper que j'approuve entièrement.

amygdaloides. L.—E. sylvatica. L.—
Comm.
biumbellata. Poir. — Pyr. or.
E. perennis, foliis oblongo-linearibus, sessilibus l. basi attenuatis, obtusiusculis, mucronatis, integerrimis, glabris; ramis florigeris sub verticillo in pseud-umbellis 1-3, multifidis, aggregatis; glandulis lunatis, bicornibus, cornubus apice clavatis; ovariis, in dorso convexo, punctis elevatis minutissimis obsitis, glabris; seminibus obovatis, reticulato-exsculptis, albidis.

Commun au pied des Albères, à l'extrémité orientale de la chaîne des Pyrénées. —Sa racine vivace, son port, et sur-tout la forme remarquable des glandes de son involucre sont des caractères constans qui le distinguent essentiellement de l'E. segetalis, dont on a souvent décrit des variétés sous ce nom, et dont cette espèce se rapproche en effet par ses ovaires et par ses graines.

Chamæsyce. L.—B. Lang. Pyr. or.
Characias. L.—B. Lang. Pyr. or.
Cyparissias. L.—Comm.
— pinifolia. — E. pinifolia.? L.—B.
Lang.

EUPHORBIA

* dendroïdes. L.

dulcis. L.— E. purpurata. Thuill.—
Pyr.

Esula. L.—B. Lang.? Toulouse.

On a souvent désigné sous le nom d'E.
esula, tantôt l'E. salicifolia, tantôt l'E.
cyparissias pinifolia. Je n'ai point trouvé
le vrai E. esula dans les environs de Montpellier; mais il est probable qu'il y croît,
puisqu'il n'est pas rare au pont du Gard
et à Nîmes.

exigua. L.—E. rubra. DC.— E. leptophylla. Lap.?—Comm.

— retusa. — E. retusa. Cav.— E. tricuspidata. Lap.—B. Lang.

falcata. L.—E. obscura. DC.—Comm.

Gerardiana. Jacq.— B. Lang. Pyr. or.

helioscopia. L.— Comm.

hyberna. L.— E. carniolica. Lap. —
Bois de la Matte. Esquierry.

Lathyris. L.—B. Lang.

† longiradiata. Lap.

lucida. W. et K.— Villesèque, dans
les Basses-Corbieres.

nicæensis. Jacq.—E. myrsinites. Lap.
— E. oleæfolia. Gou.— B. Lang.
Pyr. or.

Les E. nicæensis hebecarpa et E. n.
Salzmanni. DC. Fl. fr. Suppl., sont dues à
une monstruosité accidentelle, qui me paraît n'être qu'un état maladif de la plante,
et que l'on remarque quelquefois sur
d'autres espèces.

palustris. L.

paniculata. Desf.— Bayonne.

Cette espèce est très-voisine des E. palustris, pubescens et pilosa.— Les rayons
de son ombelle sont très-allongés, trifides
et dichotomes, quelquefois un peu poilus
à l'extrémité. Les graines sont lisses, d'un
rouge brun, et non noirâtres comme dans
les espèces voisines.

Paralias. L.—E. pinea. Lap.— Bords
des deux mers.

Peplis. L.—Bords de la Méditerranée.

Peplus. L.— E. peploides. Gou.— B.
Lang. Pyr. or.

pilosa. L.

Pithyusa. L.—E. mucronata. Lap. —
Ile Sainte-Lucie, près Narbonne.

EUPHORBIA

platyphyllos. L. — B. Lang. Pyr. or.
Toulouse.

—pubescens. Roep. — E. Coderiana.
DC. —Pyr. or.

provincialis. Willd.—E. alexandrina.
Delile. — E. diversifolia. Pers.? —
E. heterophylla. Desf.— E. italica.
Lam.? —E. leiosperma. Salzm. pl.
exssic. — E. obliqua Forsk. — E.
seticornis. Poir.? — E. Terracina.
Willd.? — E. valentina Lam.?

E. perennis l. suffruticosa, glauces-
cens; foliis membranaceo-rigidulis l. co-
riaceis, ovato-cuneatis, oblongis, lanceolatis l. oblongo-linearibus, sessilibus,
acutis, obtusis l. emarginatis, mucronatis; verticillo quinquefido; glandulis
involucri triangularibus, longissime seta-
ceo-bicornibus; ovariis, in dorso convexo, lævibus, subalatis; seminibus lævibus, albidis.

De tous les Euphorbes, cette espèce est
celle qui offre le plus de variations dans
la forme de ses feuilles et les ramifications
de ses tiges. Elle est très-commune le long
de la Méditerranée en Roussillon, et sur-
tout en Catalogne. Elle est parfaitement
distincte de l'E. segetalis, avec lequel on
l'a confondue, par son port, sa tige vivace
et rameuse à la base, son aspect glauque,
et sur-tout par les glandes de l'involucre,
les capsules et les graines.

Parmi les synonymes que j'ai cités ci-
dessus, l'E. alexandrina de l'herbier de
M. Delile, l'E. heterophylla de celui de
M. Desfontaines, l'E. leiosperma des
plantes rapportées de Barbarie par M. Salzmann, et l'E. seticornis des jardins, sont
parfaitement conformes à quelques-uns
des états de l'E. provincialis. Il me semble
que les autres doivent s'y rapporter aussi.
Cependant j'ai vu dans le jardin de Montpellier, sous le nom d'E. Terracina, une
plante qui en a tous les caractères, excepté
les graines, qui sont grosses et noires.
Est-ce le vrai E. Terracina? M. Salzmann
a aussi rapporté de Tanger, sous le nom
d'E. italica, une plante qui en diffère par
ses graines petites, noires, anguleuses,
et profondément sillonnées.

EUPHORBIA

pubescens. Vahl.—Bords de la Méditerranée.

salicifolia. Host.—B. Lang.

segetalis. L.—E. portlandica. DC.—
E. longibracteata. DC.—Comm.

L'E. longibracteata DC. est une monstruosité accidentelle analogue à celles
qu'on observe sur l'E. nicæensis.

serrata. L.—B. Lang. Pyr. or.

spinosa. L.

verrucosa. L.

—flavescens.—E. flavicoma. DC.—
B. Lang.

A la Granota au-delà de Girone, en
Catalogne, nous avons trouvé un Euphorbe,
qui n'est probablement qu'une variété de
l'E. verrucosa, mais qui est tout entier
d'un vert pourpre.

EUPHRASIA

alpina. Lam.—Pyr.

latifolia. L.—B. Lang.

linifolia. L.—B. Lang.

lutea. L.

minima. Jacq. — Bartsia humilis.
Lap. — B. imbricata. Lap. — Pyr.
élevées.

Odontites. L.—Comm.

officinalis. L.— Comm.

viscosa. L.

EVONYMUS

Europæus. L.—Comm.

latifolius. Mill.—B. Lang.

EXACUM

Candollii. Bast.

filiforme. L.—Montpellier.

FAGUS

sylvatica. L.—Pyr.

FEDIA

Auricula. DC.—B. Lang.

carinata. Lois.—B. Lang. Toulouse.

coronata. Vahl.—B. Lang. Toulouse.

dentata. Vahl.—Toulouse.

discoidea. Vahl.—B. Lang. Pyr. or.

echinata. Vahl.—B. Lang. Pyr. or.

eriocarpa. Desv.—B. Lang. Pyr. or.
et cent.—Toulouse.

olitoria. Vahl.—Comm.

pumila. Vahl.?— Valerianella mem-

FEDIA

branacea. Lois. — F. tridentata
Bieb.?— Montpellier.

F. bracteis lanceolatis, margine lato
membranaceis, cartilagineo - serrulatis ;
fructu ovato-sublemisphærico, hinc ex-
cavato-umbilicato apice retuso, dentibus
tribus brevibus inæqualibus.

FERULA

communis. L.—B. Lang. Pyr. or.

* glauca. L.

Opoponax. Spr.— B. Lang.

FESTUCA

amethystina. Host.? — Pyr. élevées.
Nouri.

bromoides. L.—Comm.

ciliata. DC.

duriuscula. L.—Comm.

elatior. L.—Comm.

eskia. Ram.—Pyr. élevées.

flavescens. DC. — Prats de Mollo.
Canigou.

glauca. Lam.—Pyr. or.

Halleri. Vill.—Canigou.

heterophylla. Host.

Myurus. L.—Comm.

ovina. L.—Comm.

pratensis. L.—Comm.

rubra. L.—Pyr. élevées.

serotina. Host. — Capouladoux près
Montpellier.

spadicea. L.—Pyr. or.

stipoides. Desf.—Bromus geniculatus.
L.? non Lap.—Collioure.

uniglumis. Sm.—Comm.

varia. Hænck. — Pyr. élevées. Nouri.

Plusieurs espèces de Festuca, sur-tout
les F. ovina et duriuscula, deviennent
quelquefois vivipares, et ont alors été
décrites sous le nom de F. vivipara.

FICARIA

ranunculoides. Roth.—Comm.

FILAGO

arvensis. L. — Comm.

gallica. L. — Gnaphalium minimum.
Sm. — Comm.

germanica. L. — Comm.

lanuginosa. Req. — Collioure. Bagnols.

montana. L.

pyramidata. L. — B. Lang.

FRAGARIA
vesca. L. — Comm.

FRANKENIA
intermedia. DC. — Bords de la Méditerranée.
lævis. L. — Bords des deux mers.
pulverulenta. L. — Bords de la Méditerranée.

FRAXINUS
excelsior. L. — Comm., excepté dans le B. Lang.
oxycarpa. Willd.? — B. Lang. Pyr. or.
Ornus. L.

FRITILLARIA
Meleagris. L. — Près Toulouse.
pyrenaica. L. — Pic de Lhiéris.

FUMARIA
capreolata. L. — B. Lang. Pyr. or.
media. Lois. — Comm.
officinalis. L. — Comm.
parviflora. Lam. — Comm.
spicata. L. — Narbonne.
Vaillantii. Lois. — B. Lang. Pyr. or.
La Seo d'Urgel.

GALACTITES
tomentosa. Moench. — B. Lang. Pyr. or. Toulouse.

GALANTHUS
nivalis. L. — Pyr. cent.

GALEGA
officinalis. L.

GALEOBDOLON
luteum. Sm. — Pyr.

GALEOPSIS
Ladanum. L. — Comm.
ochroleuca. Lam.
parviflora. Lam.
Tetrahit. L. — Comm.
versicolor. Curt.

GALIUM
anglicum. — Huds. — Comm.
Aparine. L. — Rubia tinctorum. Lap. — Comm.
arenarium. Lois. — Bayonne.
aristatum. L. — G. erectum. Huds. — G. rigidum. Vill. — G. obliquum. Vill. — G. lucidum. All. — G. mucronatum. — B. Lang. Pyr. or

GALIUM
Bocconi. All. — G. hirsutum. Lap. — G. Marchandi. R. et S. — Pyr.
cruciata. Scop. — Comm.
divaricatum. Lam. — B. Lang. Pyr. or. Saint-Béat.
glaucum. L. — Prades et Villefranche. (Pyr. or.) Toulouse.
infestum. W. et K.
linifolium. — G. atrovirens. Lap. — Pyr. or.
læve. Thuil. — G. papillosum. Lap. — Pyr. Toulouse.
maritimum. L. — Pyr. or. Vallée d'Andorre.
microcarpon. Vahl

Les échantillons conservés dans l'herbier de M. Marchand sont bien certainement le G. microcarpon. Vahl. ou G. setaceum. Lam. Je crois qu'ils proviennent du revers espagnol des Pyrénées.

minimum. R. et S. — G. murale. All. — Bords de la Méditerranée.
Mollugo. L. — G. boreale. Lap. — Comm.
palustre. L. — Comm.
parisiense. L. — G. litigiosum. DC. — B. Lang. Pyr. or. Toulouse.
pumilum. Lam.
pyrenaicum. L. f. — Pyr. élevées.
rotundifolium. L. — Pyr. élevées. Portillon.
*rubioides. L.
saccharatum. All.
saxatile. L. — Pyr.
spurium. L.
supinum. Lam.
sylvaticum. L.
tricorne. With. — Comm.
uliginosum. L.
vernum. — Narbonne. Pyr. or.
verticillatum. Lam. — G. verticilliflorum. Pourr. Lap. — B. Lang. Pyr. or.
verum. L. — Comm.
Villarsii. Req. — G. megalospermum. Lap. Abr. — G. suaveolens. Lap. Abr. Suppl. — G. cometerrhizon. Lap. Abr. Suppl. addenda. — Pyr. élevées. Col de Nouri.

GASTRIDIUM

australe.— Beauv.

GAUDINIA

fragilis. Beauv.— Comm.

GENISTA

anglica. L.— Pyr.

candicans. L.—Collioure.

cinerea. DC.—Spartium sphærocar-
pon. Lap. — Font de Comps. Près
Prats de Mollo.

germanica. L.

hispanica. L. — B. Lang. Pyr. or.
Toulouse.

pilosa. L.—Comm.

purgans. DC.—Pyr. or.

sagittalis. L.—Pyr. or. Mont-Louis.

scoparia. DC.— Pyr. Toulouse.

Scorpius. DC.— B. Lang. Pyr. or.

tinctoria. L.—Comm.

GENTIANA

acaulis. L.—Pyr. élevées.

alpina. Vill.— Pyr. élevées.

* amarella. L.

* asclepiadea. L.

Burseri. Lap.

— α. punctata.—G. Burseri. β. Lap.

— G. punctata. Lap.

— β. hybrida (corollis impunctatis).

— G. Burseri. α. Lap.

Je regarde comme type de cette espèce
la variété à corolles ponctuées. Elle est
assez commune dans les Pyrénées, et
constante dans les endroits où elle est
seule, comme par exemple, au port de
Paillères, à la montée de Sentem à Chichoy, etc. Elle se rapproche certainement
du G. punctata des Alpes; cependant, je
crois qu'elle en est assez distincte pour
que l'espèce doive être admise. Ma variété β, que M. de Lapeyrouse regardait
comme type de l'espèce, est beaucoup
plus rare que l'autre. Nous ne l'avons vue
que dans le bois de la Matte, près Mont-
Louis, où elle est mêlée avec la variété α
et avec le G. lutea. Elle offre tous les intermédiaires entre ces deux espèces, de
sorte qu'à peine en trouve-t-on deux
échantillons semblables; ce qui m'engage
à la considérer comme une hybride.

Il me semble que c'est le G. Burseri
que l'on a indiqué dans les Pyrénées sous

GENTIANA

les noms de G. purpurea et de G. pannonica, espèces que l'on n'a point trouvées;
à ma connaissance, dans ces montagnes.

campestris. L.—G. amarella. Lap.?—
G. nana. Lap.—Pyr.

ciliata. L. — G. amarella. Lap. ? —
Pyr. cent.

cruciata. L.

lutea. L.—Pyr.

nivalis. L. — Pyr. élevées. Mont-
Louis.

Pneumonanthe. L.—Pyr.

pyrenaica. C. — Parties élevées des
Pyr. or.

verna. L.—G. pumila. Lap.—G. utri-
culosa. Lap.— Pyr. élevées.

GERANIUM

aconitifolium. L'Hér.

columbinum. L.—Comm.

dissectum. L.— Comm.

lucidum. L.— B. Lang.

molle. L.—Comm.

nodosum. L.—Toulouse.

Phæum. L. — Pyr. cent.

palustre. L.—Pyr.

pratense. L.—Pyr.

pusillum. L.—Comm.

pyrenaicum. L.—Comm.

Robertianum. L.— Comm.

rotundifolium. L.— Comm.

sanguineum. L.— Comm.

sylvaticum. L.—Pyr.

tuberosum. L.— Agde.

GEUM

montanum. L.— Pyr. élevées.

pyrenaicum. Willd. — G. Tournefortii. Lap. (à l'égard des localités
des Pyrénées centrales). — Pyr.
cent. Lhiéris.

rivale. L.—Pyr.

sylvaticum. Pourr.—G.Tournefortii.
Lap. (à l'égard de la localité de
Bagnols).—B. Lang. Pyr. or.

Thomasii. Ser.

urbanum. L.—Comm.

GLADIOLUS

communis. L.— Comm.

GLAUCIUM

corniculatum. Curt. — Montpellier.
Ile Sainte-Lucie, près Narbonne.

GLAUCIUM
flavum. Crantz. ← Comm.
fulvum. Sm.

GLAUX
maritima. L.

GLECHOMA
hederacea. L.— Comm.

GLOBULARIA
Alypum. L.—B. Lang. Pyr. or.
nana. Lam. — G. cordifolia. Lap. —
Pyr.
nudicaulis. L.—Montagnes des Pyr.
or. et de l'Ariége.
vulgaris. L.—Comm.

Le G. punctata. Lap. a été établi sur un
échantillon si mauvais, que je n'ai pas pu
distinguer s'il doit être rapporté au G. vulgaris, ou au G. nana.

GLYCERIA
fluitans. Br.— Comm.

GNAPHALIUM
† alpinum. L.—Pyr. élevées.

Cette espèce ne me paraît être que le
G. supinum bien développé.

angustifolium. Lam. — Pyr. or. Perpignan. Confflent.
* arenarium. L.
dioicum. L.—Pyr. élevées.
Leontopodium. Lam. — Pyr. cent.
Pic du Midi.
luteo - album. L. — G. arenarium.
Lap.?—Comm.
* margaritaceum. L.
Stæchas. L.— G. crispum. Pourr. —
G. rupestre. Pourr.—G. arenarium.
Lap.?—Comm.
supinum. L.—Pyr. élevées.
— pusillum. DC. — G. pusillum.
Hænck.— Pyr. élevées.
— fuscum. DC. — G. fuscum. Scop.
— Pyr. élevées.
sylvaticum. L.—Pyr.

GRATIOLA
officinalis. L.—B. Lang.

GYMNADENIA
conopsea. Br.—Pyr.
odoratissima. Br.— Pyr. cent.

GYPSOPHILA
muralis. L.— Comm.

GYPSOPHILA
repens. L.—Pyr.
Saxifraga. L.

HABENARIA
albida. Br. — Pyr. élevées.
nigra. Br. — Pyr. élevées.
viridis. Br.

HEDERA
Helix. L. — Comm.

HEDYSARUM
humile. L. — B. Lang.
obscurum. L.
† uniflorum. Lap.

HELIANTHEMUM

M'occupant depuis quelque temps d'une
monographie de ce genre, je publie ici
les observations que j'ai rassemblées jusqu'à présent sur toutes les especes indigènes ou exotiques ; en attendant qu'un
examen détaillé de celles que je ne connais
que peu, me mette à même de terminer un
travail plus général et plus étendu.

SECT. HALIMIUM. DUNAL.

umbellatum - Mill. — Dun. in DC.
Prod. 1. p. 267. n°. 2. — Landes
des régions occidentales.

C'est par erreur que M. de Lapeyrouse
indique cette espèce comme fréquente dans
les Pyr. or., où je ne sache pas qu'on l'ait
trouvée. Le synonyme du Cistus rosmarini-
folius Pourr., que le même auteur rapporte
ici, appartient à l'H. Libanotis.

alyssoides. Vent.—Dun. in DC. Prod.
1. p. 267. n°. 4.—H. rugosum. Dun.
in DC. Prod. 1. p. 268. n°. 5. — Gascogne.

H. suffruticosum exstipulatum ; foliis
oblongo-ovatis, basi attenuatis, ramisque
breviter hirsutis, junioribus subincanis ; pedunculis terminalibus 1-2 floris ; calycibus
3 sepalis, acuminatis, hirsutis ; stylo subnullo, stigmate capitato magno.

—microphyllum. DC.— H. rugosum.
var. microphyllum. Dun.

C'est encore par erreur que M. de Lapeyrouse a indiqué les Pyr. or. parmi les
localités de cette plante. L'H. rugosum.
Dun. ne me paraît nullement distinct de

HELIANTHEMUM

cette espèce ; sa variété *microphyllum* est
due sans doute au terrain où elle croît.

Parmi les autres espèces de cette section
l'H. algarvense (Dun. n°. 7) me paraît
appartenir à l'H. scabrosum. Pers. (Dun.
n°. 6); l'H. involucratum. Pers. (Dun.
n°. 11, comme var. à l'H. lasianthum. Pers.
(Dun. n°. 10), l'H. cheiranthoides. Pers.
comme var. à l'H. halimifolium. ·Willd.
(Dun. n°. 13). Les autres espèces me
paraissent bonnes, et il faudra y ajouter
l'H. multiflorum de Salzmann, que ce botaniste a rapporté de Tanger.

Je n'ai pas encore eu occasion d'examiner les espèces de la sect. *Lecheoides*, toute
exotique; mais, d'après M. Arnott, l'H.
glomeratum (Dun. n°. 16) appartient probablement à l'H. romarinifolium. Pursh.
(Dun. n°. 15): et les H. ramuliflorum.
Michx. (Dun. n°. 17), canadense Michx.
(Dun. n°. 18) et brasiliense. Pers. (Dun.
n°. 19) ne doivent être regardés que comme
des variétés d'une même espèce.

SECT. TUBERARIA. DUN.

Tuberaria. Mill.—Dun. in DC. Prod. 1.
p. 270. n°. 22.

M. de Lapeyrouse s'est trompé en indi-
quant cette plante, d'après Tournefort,
« dans les bois autour de Bellegarde allant
vers Girone. » Dans la *Topographie botanique* de Tournefort, cette plante est ran-
gée parmi celles qu'il trouva « au-delà de
Girone allant à Barcelone » et, en effet,
nous l'y avons vue très-abondante dans
les bois des environs de la Granota. Cette
localité ne peut donc autoriser son énumération parmi les plantes des Pyrénées ;
mais il est probable qu'elle se trouve dans
quelque partie des Albères.

Les feuilles inférieures de l'H. Tuberaria
sont quelquefois longuement pétiolées ;
mais je crois que leur forme et l'inflorescence distinguent assez l'H. globulario-
folium. Pers. (Dun. n°. 21). Je regarde
aussi comme de bonnes espèces les H. bu-
plevrifolium Dun. n°. 23 et H. hetero-
doxum Dun. n°. 24.

guttatum. Mill.— Dun. in DC. Prod.
1. p. 270. n°. 26. — H. eriocaulon.
Dun. in DC. Prod. 1. p. 271. n°. 27.

HELIANTHEMUM

H. punctatum. Dun. in DC. Prod. 1.
p. 271. n°. 29. — Comm.

H. herbaceum, annuum, erectum, exstipulatum l. stipulatum; stipulis deciduis;
foliis oblongo - lanceolatis l. linearibus ,
inferioribus oppositis , summis alternis ;
racemis ebracteatis; calycibus 5 - sepalis ; stylo recto , subnullo , stigmate capitato.

— plantagineum.— H. plantagineum.
Pers. —Dun. in DC. Prod. 1. p. 270.
n°. 25.

—inconspicuum.—H. inconspicuum.
Thib. — Dun. in DC. Prod. 1. p. 271.
n°. 28.

Toutes ces plantes se lient tellement par
de nombreux intermédiaires, et les carac-
teres d'après lesquels on les a distinguées
varient tant dans chaque cas, que je n'hésite pas à les réunir en une seule espèce.
Les seules variétés que l'on puisse admettre sont l'*H. g. plantagineum* à feuilles
très-larges et à grappes courtes, et l'*H.
g. inconspicuum* à feuilles très - étroites
et à fleurs très-petites. Quant au reste, la
largeur des feuilles, la présence ou l'absence des stipules, la longueur des grappes, le nombre et la grandeur des fleurs ,
le forme et la grandeur des sépales, la
grandeur, la *serration* et les taches des
pétales, varient à l'infini; au point qu'il
est difficile de trouver deux échantillons
conformes l'un à l'autre sous tous ces rapports. — L'H. guttatum est très-commun
au centre et au midi de l'Europe ; la var.
plantagineum croît en Espagne et dans
l'Afrique septentrionale, la var. inconspicuum en Corse.

Les deux espèces de la sect. *Macularia*
Dun. ne croissent pas dans les Pyrénées.
Toutes les deux me paraissent bonnes.
L'H. petiolatum est suffrutescent, d'après
l'observation de M. Arnott.

SECT. BRACHYPETALUM. DUN.

niloticum. Pers. — Dun. in DC. Prod.
1. p. 272. n°. 33. — H. ledifolium.
Willd.—Dun. in DC. Prod. 1. p. 272.
n°. 34. — Montpellier.

H. herbaceum, annuum, stipulatum ;

foliis oblongo-ellipticis, breviter petiolatis, oppositis, summis alternis oppositifloris; pedunculis erectis, folio brevioribus; sepalis 5, internis 3 - nerviis; stylo recto, erecto, apice incrassate. — L'H. ledifolium n'en diffère que par sa surface un peu plus glabre.

intermedium. Thib.— Dun. in DC. Prod. 1. p. 272. n°. 35. — Montpellier.

H. herbaceum, annuum, stipulatum; foliis obovato-oblongis, petiolatis, oppositis, summis alternis oppositifloris; racemis strictis, pedunculis horizontalibus folio longioribus; calycibus fructiferis oblongo-lanceolatis erectis; sepalis 5, internis lanceolatis 3 - nerviis; stylo recto, apice incrassato; capsulis oblongis; seminibus roseis. —Je l'ai cueillie d'après l'indication de M. Delile, sur le bord du chemin de Saint-George, au-delà de Celleneuve près Montpellier.

denticulatum, Thib.— Dun. in DC. Prod. 1. p. 272. n°. 36. — B. Lang. Pyr. or.

H. herbaceum, annuum, stipulatum; foliis obovato-oblongis, petiolatis, oppositis, summis alternis oppositifloris; pedunculis horizontalibus, folio longioribus; calycibus fructiferis ovatis, erectis; sepalis 5, internis ovatis, 3-nerviis; stylo recto, erecto, apice incrassato; capsulis ovato - triquetris; seminibus roseis. — Comm. dans les lieux secs et stériles du Bas Lang. et des Pyr. or.

* salicifolium. Pers. — Dun. in DC. Prod. 1. p. 273. n°. 37.

H. herbaceum, annuum, stipulatum; foliis obovato-oblongis, petiolatis, oppositis, summis alternis oppositifloris; pedunculis horizontalibus, folio longioribus; calycibus fructiferis, ovatis, erectis; sepalis 5, internis ovatis, 3-nerviis; stylo recto, erecto, apice incrassato; capsulis ovato-triquetris, seminibus albis. — Cette espèce, que je n'ai observée vivante que dans les jardins, n'est probablement pas indigène de la France; je ne l'insère ici que pour la comparer avec les deux précédentes.

Ces trois derniers Helianthemum se ressemblent beaucoup, et j'étais d'abord disposé à les réunir en une seule espèce; cependant un examen attentif d'individus vivans, aidé des observations de M. Delile, m'a engagé à les laisser distincts, malgré le peu de caractères constans que l'on puisse leur donner.

L'H. salicifolium est presque toujours droit et plus grand dans toutes ses parties que les deux autres; mais, comme eux, il varie quant à la surface plus ou moins velue, les bractées dentées ou non, les stipules plus ou moins longs. Comme l'H. denticulatum, il a ses pétales inégaux et il en avorte quelquefois un ou deux, cependant ils sont d'ordinaire un peu plus grands; mais le seul caractère positif et constant est dans les graines, qui, d'après l'observation de M. Delile, sont très-petites et blanches dans l'H. salicifolium, plus grandes et de couleur rose dans l'H. denticulatum.

L'H. denticulatum a d'ordinaire une tige centrale et droite, et les branches latérales couchées, quelquefois les dernières manquent : dans d'autres cas, elles forment toute la plante et acquièrent un pied ou plus de longueur : deux des pétales manquent très-souvent.

L'H. intermedium est une très - jolie petite espèce qui ressemble à ce dernier, mais qui a un port tout particulier : ses tiges ne sont ni droites ni couchées; mais inclinées : les grappes en occupent les deux tiers de la longueur, et, par leur régularité, ont un aspect particulier. Les graines sont comme dans l'H. denticulatum, mais la différence dans la forme des calices (après la floraison) est constante. Les pétales avortent presque toujours; quand ils existent ils sont très-petits et linéaires. Il n'y a souvent que deux ou trois étamines. Sauvage et cultivé, il conserve toujours son port et ses caractères, quoique mêlé dans les deux cas avec l'H. denticulatum. C'est M. Delile qui a ajouté cette jolie petite plante à la Flore de la France.

Les autres espèces de cette section, H. villosum, n°. 32, sanguineum, n°. 38, et ægyptiacum, n°. 39, me paraissent bonnes.

(85)

HELIANTHEMUM

Dans la section suivante, *Eriocarpon*, Dun., toute composée de plantes exotiques, je réunirais à l'H. confertum. Dun. n°. 44, à l'H. kahiricum Delil. (Dun. n°. 43) ; l'H. mucronatum. Dun. n°. 46, à l'H. canariense, Willd. (Dun., n°. 45), l'H. sessiliflorum. Pers. (Dun. n°. 40) et l'H. ellipticum. Pers. (Dun., n°. 42), à l'H. Lippii. Pers. (Dun., n°. 40), et je conserverais les autres.

SECT. FUMANA. DUN.

Fumana. Mill.—Dun. in DC. Prod. 1. p. 274. n°. 48.— H. ericoides. Dun. in DC. Prod. 1. p. 274. n°. 47. — Comm.

H. suffruticosum, exstipulatum ; foliis alternis, linearibus, subinvolutis ; pedunculis solitariis unifloris ; sepalis 5, internis 4-5 venosis ; stylo recto, per anthesin obliquo ; seminibus nigris, lævibus.

— majus. Desf.

— procumbens. — H. procumbens Dun. in DC. Prod. 1. p. 275. n°. 49.

Ayant observé cette année un grand nombre de pieds vivans de l'H. procumbens Dun., je me suis convaincu que ce n'est qu'une variété de l'H. Fumana, produite par la nature du terrain où il croît ; et quoique, le plus souvent, les différences assez marquées qui l'en séparent, paraissent constantes sur un grand nombre d'individus, on en trouve d'autres qui offrent toutes les nuances intermédiaires de l'un à l'autre, et même j'ai observé quelquefois la tige du milieu prendre tout-à-fait l'aspect de la variété ordinaire, et les branches latérales s'étaler et offrir tous les caractères de l'H. procumbens. D'ailleurs aucun de ces caractères n'est constant, ni la longueur du pédoncule, ni la grosseur des calices, ni la consistance des poils ; et même à l'égard du caractère tiré de la caducité ou de la persistance des graines, j'ai vu dans les deux variétés certaines capsules les conserver long-temps après leur ouverture, et d'autres les rejeter immédiatement. Cela dépend de l'état de l'atmosphère et d'autres circonstances indépendantes de

HELIANTHEMUM

l'espèce. Si la variété *procumbens* les conserve d'ordinaire plus long-temps, c'est probablement parce que les branches étant étendues sur la terre, les capsules sèchent moins vite.

L'H. arabicum, Pers. (Dun. n°. 50) est une très-bonne espèce.

lævipes. Willd. — Dun. in DC. Prod. 1. p. 275. n°. 51 — H. fasciculatum. Mill. Dun. in DC. Prod. 1. p. 282. n°. 124.

H. suffruticosum, stipulatum ; foliis alternis stipulisque setaceis ; racemis terminalibus, bracteatis ; sepalis 5, internis 4-5 venosis ; stylo recto, per anthesin obliquo ; seminibus fuscis, excavato-punctatis. — C'est par erreur que l'on a indiqué cette espèce dans les vallées des Pyrénées ; mais il est probable qu'elle se trouve dans les rochers qui bordent le mer, sur les frontières de la Catalogne. Nous l'avons cueillie au Mont-Jouy, près Barcelone.

glutinosum. Pers. — B. Lang. Pyr. or.

H. suffruticosum, stipulatum ; foliis oppositis 1. superioribus alternis, linearibus, margine revolutis ; stipulis subulatis ; racemis terminalibus, bracteatis ; sepalis 5, internis 4-5-venosis, pedunculisque glanduloso-villosis ; stylo recto per anthesin obliquo ; seminibus nigro-fuscis, tenuissimè excavato-punctatis.

— α vulgare (ex omni parte villoso-glutinosum.) — H. glutinosum. Dun. in DC. Prod. 1. p. 276. n°. 57.
— β thymifolium (foliis brevissimis omnibus villoso-glutinosis.) — H. thymifolium. Pers. — Dun. in DC. Prod. 1. p. 276. n°. 56.
— γ juniperinum (foliis inferioribus glabris.) — H. juniperinum. Lag.— Dun. in DC. Prod. 1. p. 275. n°. 54. — H. Barrelieri Tenor. — Dun. in DC. Prod. 1. p. 276. n°. 55. — H. viride Tenor. — Dun. in DC. Prod. 1. p. 275. n°. 53.
— δ læve, glabrum, pedunculis calycibusque exceptis. Ex speciminibus in herb. Bouschet et Dun.)

HELIANTHEMUM

— H. læve Pers. — Dun. in DC.
Prod. 1. p. 275. n°. 52.

Toutes ces plantes ont les pédoncules et
les calices plus ou moins couverts de
poils glanduleux, comme toutes les espèces de la section *Fumana*. Elles ne diffèrent
entre elles que par la présence ou l'absence de ces poils sur le reste de la
plante.

SECT. PSEUDOCISTUS. DUN.

D'après l'observation de M. Arnott, je
commencerais cette section ainsi : H. po-
lyanthos. Pers. (Dun. n°. 72) ; H. origa-
nifolium. Pers. (Dun. n°. 59) ; H. molle.
Pers. (Dun. n°. 58) ; H. crassifolium. Pers.
(Dun. n°. 70 et H. dichotomum. Dun.
n°. 80), et je placerais ensuite les suivans.

✻ marifolium. DC. — Dun. in DC.
Prod. 1. p. 277. n°. 68.—H. rotundifolium. Dun. in DC. Prod. 1. p.
278. n°. 69. — H. paniculatum.
Dun. in DC. Prod. 1. p. 278. n°. 71.
non C. marifolius. L.

H. suffruticosum, exstipulatum l. supernè substipulatum ; foliis oppositis, ova-
to-subcordatis, acutiusculis, planis, subtus incano-tomentosis ; racemis paniculatis, axillaribus terminalibusque, bracteatis ;
sepalis 5, internis 4 - nerviis ; stylo basi
contorto, retroflexo, apice inflexo ; seminibus pallidis badiis.

Si le port de cette espèce n'était pas aussi
constant, je la réunirais à l'H. canum, car
la forme des feuilles est presque le seul
caractère à donner, à moins que les graines
de l'H. canum ne soient effectivement noirâtres comme je le soupçonne. L'H. marifolium ne croît pas, à ce que je sache,
dans les Pyrénées ; il est indigène de la
Provence, de l'Espagne, de l'Afrique septentrionale et d'autres parties chaudes de
la région méditerranéenne.

canum. Dun. in DC. Prod. 1. p. 277.
n°. 67.— H. vineale. Pers.—Dun.
in DC. Prod. 1. p. 277. n°. 66.—C.
canus. L.—C. marifolius. L.—Lap.
—Sm. et Auct. angl?—C. anglicus.
L.— C. piloselloides. Lap.— H. pi-
los, elloides. Dun. in DC. Prod. 1. p.
284. n°. 121.— Comm.

HELIANTHEMUM

H. suffruticosum, exstipulatum, foliis
oppositis, ovatis l. oblongis, petiolatis,
planis, subtus incano-tomentosis ; racemis terminalibus, bracteatis ; sepalis 5,
internis 4 - nerviis ; stylo basi contorto,
retroflexo, apice inflexo ; seminibus ni-
grescentibus ?

Cette espèce est bien voisine de la précédente et offre à-peu-près les mêmes variations dans la forme des feuilles et la grandeur des fleurs ; elle est pourtant beaucoup
moins couverte de poils roides, et ses
feuilles sont constamment blanches, et
plus ou moins cotonneuses en dessous.
Ses graines m'ont paru noirâtres et non
d'un bai clair comme dans l'H. œlandi-
dicum, mais je n'ai pu encore vérifier ce
caractère sur un assez grand nombre d'individus pour m'assurer de sa constance.
Cette espèce est commune dans la plus
grande partie de l'Europe.

œlandicum DC. — Comm.

H. suffruticosum, exstipulatum ; foliis
oppositis ovato l. oblongo-ellipticis, petiolatis, planis, utrinque viridibus ; racemis
terminalibus, bracteatis ; sepalis 5, internis 4-veniis ; stylo basi contorto, retroflexo, apice inflexo ; seminibus badiis.

—α boreale. — H. œlandicum. DC.
— Dun. in DC. Prod. 1. p. 276.
n°. 61.

— β alpestre. — H. alpestre. Dun. in
DC. Prod. 1. p. 276. n°. 62. — H.
italicum α strigosum. — Dun. in
DC. Prod. 1. p. 277. n°. 65.

Feuilles oblongues, souvent presque
glabres, tiges et calices couverts de longs
poils blancs, fleurs plus grandes que dans
les autres variétés. Je l'ai cueilli sur les
sommités des Pyrénées et je l'ai reçu des
Alpes ; mais tous les échantillons du B.
Lang. se rapportent à l'H. œ.penicillatum.

— γ rotundifolium. —Cistus œlandicus. Lap.

Jolie variété à petites feuilles rondes et
presque glabres, que j'ai vue dans l'herbier de M. de Lapeyrouse, sous le nom de
C. œlandicus.

— ♂ penicillatum. — H. penicillatum. Thib.—Dun. in DC. Prod. 1.
p. 277. n°. 63. — H. obovatum.

HELIANTHEMUM

Dun. in DC. Prod. 1. p. 277. n°. 64.

Cette variété diffère de l'H. œ. alpestre par son port plus grêle, ses grappes plus allongées et ses fleurs plus petites. Elle est commune dans les lieux secs et stériles de la France méridionale, sur le revers espagnol des Pyr., etc.

Les H. cinereum. Pers. (Dun. n°. 73) et H. squammatum. Pers. (Dun. n°.74), deux très-bonnes espèces, terminent cette section.

SECT. EUHELIANTHEMUM. DUN.

C'est la section dont les espèces sont les plus répandues et les plus difficiles à distinguer entre elles, parce qu'elles forment des hybrides avec beaucoup de facilité, sur-tout par la culture. Dans l'arrangement qui suit, je puis m'être trompé à l'égard de quelques espèces que je n'ai vues que cultivées, ou bien en herbier; mais je crois que l'on ne peut pas en admettre davantage. J'énumère ici toute la section, à cause de l'ordre que j'ai adopté dans la distribution des espèces.

* lavandulæfolium. DC. — Dun. in DC. Prod. 1 p. 278. n°. 75.
* racemosum. L. non Dun.
* stæchadifolium. Pers.—Dun. in DC. Prod. 1. p. 279. n°. 77.
* Broussonetii. Dun. in DC. Prod. 1. p. 279. n°. 76.
* ciliatum. Pers.— Dun. in DC. Prod. 1. p. 283. n°. 110.
* croceum. Pers.—Dun. in DC. Prod. 1. p. 279. n°. 78. — H. nudicaule. Dun. in DC. Prod. 1. p. 279. n°. 79.
* glaucum. Pers.—Dun. in DC. Prod. 1. p. 279. n°. 80.

Ces deux dernières espèces sont très-voisines l'une de l'autre. Elles diffèrent de l'H. apenninum par le port, les feuilles plus courtes, un peu coriaces, leur surface blanche, mais moins velue, les capsules plus cotonneuses.

apenninum. DC. — Dun. in DC. Prod. 1. p. 282, n°. 101. —H. virgatum. Pers. — Dun. in DC. Prod. 1. p. 282. n°. 100.— H. rhodanthum. Dun. in. DC. Prod. 1. p. 282.

HELIANTHEMUM

n°. 104.—H. polifolium. DC.? Dun. in DC. Prod. 1. p. 283. n°. 105. — C. polifolius. L.—C. pulverulentus Thuil. — C. angustifolius. Jacq. Hort. Vind. — H. angustifolium. Pers.— Dun. in DC. Prod. 1.p. 281. n°. 91.—Comm.

H. suffruticosum, stipulatum, ex omni parte canescens; foliis oppositis, ovato-oblongis l. oblongo - linearibus utrinque canescentibus, margine plus minusve revolutis; racemis terminalibus; bracteatis, sepalis 5, internis sulcatis margine scariosis, stylo basi flexo, apice subclavato; seminibus nigris. — Il se rapproche beaucoup de l'H. pilosum, et en diffère plutôt par l'aspect général que par des caractères positifs; ses rameaux sont moins touffus et plus divergens; toute la plante est d'un vert blanchâtre, et ses calices sont plus gros que dans l'H. pilosum.

— β. hispidum. Dun. in DC. Prod. 1. p. 282. n°. 102. — H. majoranæfolium. Dun. in DC., Prod. 1. p. 283. n°. 112 (ex parte).

Ici je range une suite d'intermédiaires, on plutôt d'hybrides, entre cette espèce et l'H. hirtum, et ceci me paraît d'autant plus fondé que, lorsque l'H. apenninum croit seul, il conserve ses caractères propres, son calice cotonneux, mais sans poils roides, ses fleurs blanches ou roses, mais non jaunâtres, etc.

J'ai aussi observé quelques hybrides accidentelles entre cette espèce et quelques variétés de l'H. vulgare. L'H. angustifolium. Jacq. en est aussi, selon moi, une variété, peut-être hybride entre elle et quelque variété de l'H. vulgare ou de l'H. mutabile.

pilosum. Pers. — Dun. in DC. Prod. 1. p. 282. n°. 98.—H. lineare. Pers. — Dun. in DC. Prod. 1. p. 282. n°. 99. — H. strictum. Pers. — Dun. in DC. Prod. 1. p. 281. n°. 97. — H. racemosum. Dun. in DC. Prod. 1. p. 281. n°. 96. excl. syn. C. racemosus. L. — H. violaceum. Pers.? — Dun. in DC. Prod. 1. p. 281. n°. 95. — H. pulverulentum. DC. —

HELIANTHEMUM

Dun. in DC. Prod. 1. p. 282. n°. 103.

H. suffruticosum, stipulatum; ramis strictis, tomentosis; foliis oppositis, linearibus, margine revolutis, suprà viridibus, subtus junioribusque albo-tomentosis; racemis terminalibus, bracteatis; sepalis 5, internis sulcatis, margine scariosis; stylo basi flexo, apice subclavato; seminibus nigris. — Les feuilles étroites, linéaires, le coton blanc qui couvre les rameaux et la surface inférieure des feuilles; la couleur plus foncée de la surface supérieure; la petitesse du calice et le port général sont les principales différences qui séparent cette espèce de l'H. apenninum. Comme lui, il produit plusieurs hybrides, sur-tout avec l'H. hirtum, et qui ont été classées dans l'H. majoranæfolium. — L'H. pulverulentum, du midi de la France, n'est absolument que l'H. pilosum venu dans un lieu sec, exposé aux troupeaux, comme je m'en suis assuré aux environs de Narbonne, où cette espèce est commune. Elle croit aussi au pont du Gard et dans toute la Provence, mais ni à Montpellier, ni en Roussillon.

* mutabile. Pers.—Dun. in DC. Prod. 1. p. 283. n°. 106.— H. leptophyllum.—Dun. in DC. Prod. 1. p. 279. n°. 82.— H. sulphureum. Willd.? — Dun.? in DC. Prod. 1. p. 283. n°. 107.

H. suffruticosum, stipulatum; ramis glabris, foliis oppositis, lanceolato-linearibus, subplanis, suprà viridibus, subtus subcanescentibus; racemis terminalibus bracteatis; sepalis 5, internis sulcatis margine scariosis; stylo basi flexo, apice subclavato; seminibus nigris. — Cette espèce est très-répandue dans les jardins, où elle varie beaucoup, sur-tout dans la couleur des fleurs, qui offrent toutes les nuances intermédiaires entre le jaune, le blanc et le rose. Elle est pour ainsi dire intermédiaire entre l'H. Apenninum ou l'H. pilosum et l'H. vulgare, dont elle ne diffère que par ses feuilles étroites: peut-être des observations plus approfondies engageront un jour les botanistes à la considérer comme simple variété de cette dernière espèce, d'autant plus que

HELIANTHEMUM

je ne sache pas qu'on l'ait trouvée à l'état sauvage.

vulgare. Gærtn. — Comm.

H. suffruticosum, stipulatum; foliis oppositis, ovatis 1. oblongis, subplanis, suprà viridibus; racemis terminalibus bracteatis; sepalis 5, internis sulcatis, margine scariosis; stylo basi flexo, apice subclavato; seminibus nigris.

— α tomentosum (foliis subtus plus minusve incano-tomentosis.)— H. vulgare Dun. in DC. Prod. 1. p. 280. n°. 85. — H. tomentosum. Dun. in DC. Prod. 1. p. 279. n°. 81. — H. acuminatum. Pers. — Dun. in DC. Prod. 1. p. 280. n°. 83. —H. serpyllifolium. Mill. — Dun. in DC. Prod. 1. p. 280. n°. 84. — H. surrejanum. Mill. — Dun. in DC. Prod. 1. p. 280. n°. 86.—H. ovatum. Dun. in DC. Prod. 1. p. 280. n°. 87. — H. lucidum. Horn. (ex descr. in DC. Prod. 1. p. 284. n°. 119.) — C. hirsutus. Lap. — H. hirsutum. Dun. in DC. Prod. 1. p. 284. n°. 120.

— β. nummularium (foliis utrinque subviridibus.) — H. grandiflorum. DC.— Dun. in DC. Prod. 1. p. 280. n°. 88. — H. obscurum. Pers.-Dun. in DC. Prod. 1. p. 280. n°. 89.— H. nummularium. Mill. — Dun. in DC. Prod. 1. p. 280. n°. 90. — H. hyssopifolium. Ten.—Dun. in DC. Prod. 1. p. 284. n°. 118.—H. sampsucifolium. Mill. — H. cistifolium. Mill. —Dun. in DC. Prod. 1. p. 284. n°. 123.

— γ. versicolor. (floribus roseis. 1. albis.)— H. roseum. DC. — Dun. in DC. Prod. 1. p. 283. n°. 108. — H. fœtidum. Pers.—Dun. in DC. Prod. 1. p. 283. n°. 109.

Cette espèce, la plus commune de toutes, est aussi la plus variable; ce que prouve le grand nombre d'espèces que j'ai été forcé d'y réunir. Elle se distingue des H. apenninum, pilosum et hirtum, par ses feuilles planes ou à peine roulées sur les bords, et vertes en dessus; des H.

HELIANTHEMUM

croceum, glaucum et apenninum, par l'absence de duvet blanchâtre sur les calices, et par la couleur verte des feuilles; de l'H. ciliatum par ses calices beaucoup plus petits, et par l'absence des longs poils roides qu'on y remarque. Dans toutes les plantes que j'ai réunies sous la var. α, les feuilles ont un duvet blanc sur la surface inférieure, mais dont l'abondance varie tellement, que l'on ne peut s'en servir comme caractère spécifique. Quelquefois il est aussi abondant et aussi blanc que dans les H. canum ou marifolium, et de là on peut le suivre dans tous ses degrés jusqu'à ce qu'il s'oblitère entièrement dans la var. β; encore la surface inférieure est-elle presque toujours plus pâle que la supérieure. Les dimensions respectives des feuilles, des pétioles et des stipules; le plus ou moins d'abondance ou l'absence totale des poils ou de la pubescence sur les feuilles, les tiges et les calices; la couleur verte ou violette des nervures des sépales; la forme orbiculaire ou oblongue des feuilles, etc.; caractères sur lesquels on a distingué les espèces énumérées ci-dessus comme synonymes, sont trop variables dans les mêmes localités, et souvent sur les mêmes individus, pour être admises. La petitesse des pétales de l'H. surrejanum est un accident que j'ai observé sur d'autres espèces de cette section, notamment sur les H. apenninum et hirtum. — Le C. hirsutus. Lap. Abr. Pyr. a les fleurs jaunes, quoiqu'il les ait décrites, par erreur, comme blanches. — Les H. grandiflorum de Suisse, obscurum et nummularium de Montpellier, et hyssopifolium de Tenore, sont absolument identiques.

hirtum. Pers. — Dun. in DC. Prod. 1. p. 281. n°. 93. — H. Lagascæ. Dun. in DC. Prod. 1. p. 281. n°. 94?— B. Lang. Pyr. or.

H. suffruticosum, stipulatum, ex omni parte piloso-hispidum; foliis parvis ovatis oblongisve convexis, margine revolutis utrinque viridi-cinereis; racemis terminalibus bracteatis, sepalis 3, internis sulcatis, margine scariosis; stylo basi flexo, apice subclavato; seminibus nigris.

HELIANTHEMUM

Il se rapproche beaucoup de l'H. apenninum, dont il diffère par sa tige, ses feuilles et ses calices couverts de poils longs et roides, et de l'H. vulgare, dont il diffère par ses feuilles convexes et fortement roulées en dessous sur les bords. Je l'ai vu dans plusieurs herbiers sous le nom d'H. ciliatum; mais il diffère beaucoup du Cistus ciliatus Desf.

Je regarde comme hybrides entre cette espèce et les H. apenninum et pilosum tous ces échantillons intermédiaires qu'on a appelés H. majoranæfolium (Dun. n°. 112) et hispidum (Dun. n°. 102), et dont les fleurs offrent plusieurs nuances intermédiaires entre le jaune et le blanc. Je crois aussi, d'après des échantillons secs, que l'H. asperum. Lag. (Dun. n°. 111) est dans la même catégorie; ou peut être hybride entre les H. hirtum et croceum.

* obtusifolium. Dun. in DC. Prod. 1. p. 281. n°. 92.

Je ne connais pas cette espèce, mais M. Arnott m'écrit qu'elle est suffisamment caractérisée par ses stipules planes, ovales et obtuses.

HELIOTROPIUM

europæum. L. — Comm.

supinum. L. — Près Montpellier?

HELLEBORINE

cordigera. L.

Lingua. L. — Grammont près Montpel.

HELLEBORUS

fetidus. L. — B. Lang. Pyr. or.

viridis. L. — Pyr. Toulouse.

HELMINTHIA

echioides. Gærtn. — Comm.

† spinosa. DC.

HEMEROCALLIS

fulva. L.

HEPATICA

triloba. Chaix. — Capouladoux, près Montpellier. Pyr.

HERACLEUM

alpinum. L. — H. testiculatum. Lap.? pyrenaicum. Lam. — H. amplifolium. Lap. — H. setosum. Lap. — Pyr.

M. Sprengel rapporte l'H. setosum. Lap. comme synonyme de l'H. panaces,

HERACLEUM

mais c'est à tort. Le seul caractère qui le
sépare de son H. amplifolium est la pétio-
lation des lobes latérales, ce qui arrive
presque toujours aux feuilles intérieures
de l'H. pyrenaicum, tandis que les exté-
rieures ont la forme qu'il donne pour caractère à l'H. amplifolium.

Sphondylium. Lam. —H. angustifolium. Lap? — Comm.

HERMINIUM

monorchis. Br.

HERNIARIA

alpina. Vill.
cinerea. DC. — B. Lang. Pyr. or.
glabra. L. — Pyr. or. Narbonne.
hirsuta. L. — Toulouse.
incana. Lam. — B. Lang. Pyr. or.

HESPERIS

laciniata. All. — Font de Comps.
matronalis. Lam. — St.-Béat.

HIBISCUS

roseus. Lois.

HIERACIUM

N'ayant pas encore eu occasion d'étudier ce genre difficile, je suis obligé d'é-
numérer ici plusieurs espèces fort dou-
teuses, mais que je ne sais où rapporter,
quoique je les aie eues en herbier.

alatum. Lap.
alpinum. L.
altissimum. Lap.
amplexicaule. L. — Lepicaune bal-
samea. Lap. — H. humile. Lap. —
Comm.
andryaloides. Vill.— B. Lang.
angustifolium. Hoppe.
aureum. Vill.— Pyr. élevées.
Auricula. L.— Pyr. or. Canigou.
blattarioides. L.— H. pyrenaicum. L.
— Lepicaune multicaulis. Lap. —
Lepicaune turbinata. Lap.— Pyr.
†breviscapum. DC. — H. pumilum.
Lap.— Canigou.
bulbosum. Willd. — B. Lang. Montpellier.
cerinthoides. L. — H. scopulorum.
Lap.—Pyr. cent. Vallée d'Andorre.
compositum. Lap. — Pyr. or.
*croaticum. W. et K.
cymosum. L. — Collioure.

HIERACIUM

†dubium. L.— Pyr. or.
elongatum. Lap.— Pyr. or. et cent.
eriophorum. DC.? — Pyr. cent.
Bagnères de Luchon.
fallax.Willd.— H. buplevroides. Lap.
*flexuosum. W. et K.
glaucum. All.
grandiflorum. All.— Lepicaune grandiflora. Lap. — Lepicaune intybacea. Lap.— Pyr. cent. Esquierry.
humile. Host.
hybridum. Chaix.
intermedium. Lap.
intybaceum. Jacq.
lanceolatum. Vill.
lapsanoides. Gou. — Pyr. or. et vallées espagnoles (Herb. March. et
Lap.)
Lawsoni. Vill.
montanum. Jacq.
murorum. L. — Comm.
obovatum. Lap. — Pyr. oc.
paludosum. L. — Pyr.
pilosella. L.—H. Pelleterianum. DC.
— Comm.
pilosum. Willd.
præmorsum. L.
†prostratum. DC. — Bayonne.
prunellæfolium. All. — Lepicaune
prunellæfolia. Lap.— Pyr. élevées.
rhomboidale. Lap.
sabaudum. L.— H. sylvaticum. Lap.
— Comm.
sericeum. Lap.
sylvaticum. Gou. — H. denudatum.
Lap. — Pyr.
†umbellatum. L. — Pyr. cent.
villosum. L.

HIPPOCREPIS

ciliata. Willd. — H. multisiliquosa.
DC.Fl. fr. non L.—B.Lang. Pyr. or.
comosa. L. — Comm.
scorpioides. Req.— B. Lang. Pyr. or.
Cette espèce diffère de l'H. comosa par
ses fruits très-peu échancrés et plus longs.
Ils ressemblent beaucoup à ceux de l'Ornithopus scorpioides.
unisiliquosa. L.— B. Lang. Pyr. or.

HIPPURIS

vulgaris. L.

HOLCUS
avenaceus. Pers. — Comm.
lanatus. L. — Comm.
mollis. L. — Comm.
HOLOSTEUM
umbellatum. L. — B. Lang.
HORDEUM
maritimum. L. — Bords des deux
mers.
marinum. L. — Comm.
pratense. Huds. — Comm.
HORMINUM
pyrenaicum. L. — Pic de Lhiéris.
HOTTONIA
palustris. L.
HUMULUS
Lupulus. L. — Toulouse.
HUTCHINSIA
alpina. Br. — Pyr. élevées.
petræa. Br. — B. Lang. Pyr. or.
procumbens. Desv. — Bords de la Me-
diterranée.
HYACINTHUS
amethystinus. L. — Pyr. cent.
romanus. L. — Bellevallia appendi-
culata. Lap. — Dans les prairies
aux environs de Toulouse, mais non
à Luz ni à St.-Béat.
HYDROCHARIS
Morsus-ranæ. L.
HYDROCOTYLE
vulgaris. L.
HYOSCIAMUS
albus. L. — B. Lang. Pyr. or.
aureus. L. — Ile Ste.-Lucie, près
Narbonne.
niger. L. — Comm.
HYOSERIS
Hedypnois. L. — B. Lang. Pyr. or
Toulouse.
— hispida. — H. rhagadioloides. L.—
B. Lang. Pyr. or.
— gracilis. — Collioure.
HYPECOUM
grandiflorum. Benth.—H. pendulum.
Lap.? non L.
H. caulibus ascendentibus, paniculatis
multifloris; petalis interioribus trifidis, lobis oblongo-linearibus, medio substipitato,
cochleariformi, margine ciliato, lateralibus
subæquali, exterioribus trilobis, lobis

HYPECOUM
lato-ovatis; staminum filamentis basi dilatato-membranaceis, lanceolatis; siliquis
articulatis, compressis, arcuatis.

Nous avons découvert cette espèce dans
les récoltes du Bas Roussillon et de la Catalogne, où elle est très-commune. Je crois
que c'est elle que Tournefort, dans sa
Topographie botanique, indique *ultrà la
porte d'Elne, à Perpignan*, et que M. de
Lapeyrouse a rapportée au H. pendulum.
Elle diffère de l'H. procumbens par ses tiges ascendantes ou presque droites, termi-
nées par de larges panicules, par ses feuilles plus grandes, plus découpées et à lanières plus étroites, par ses fleurs grandes
et d'un beau jaune, et sur-tout par la
forme des pétales et des étamines.

* pendulum. L.
procumbens. L. — Montpellier. Narbonne.
H. caulibus procumbentibus, paucifloris;
petalis interioribus trifidis, lobis oblongo-
linearibus, medio stipitato, cochleariformi,
margine ciliato, lateralibus longiore, exterioribus trilobis, lobis ovatis; staminum filamentis, dilatato-membranaceis, linearibus;
siliquis articulatis, compressis, arcuatis.

HYPERICUM
dubium. Leers.? — Lap. — H. quadrangulum β Choisy?— Pyr. cent
De Querigut à Ax.
H. caule herbaceo, obsolete quadrangulo, recto, ramoso; foliis lato-ovatis,
obtusis, reticulatis, non pellucido-punc-
tatis, margine nigro-punctatis; sepalis
ovatis, obtusissimis; petalis, staminibusque
maculatis, capsulisque (ovatis), calyce tri-
plo majoribus.
Je ne puis me décider à considérer, avec
M. Choisy, cette espèce comme variété
de l'H. quadrangulum. Son port (qui est
presque celui de l'H. perforatum); ses
feuilles d'un vert foncé, opaques et réticu-
lées; ses grandes fleurs, ses calices obtus,
ses grosses capsules, me paraissent l'en distinguer suffisamment.
Elodes. L.—Chironia uliginosa. Lap.
— Pyr. or.
fimbriatum. Lam.—H. Richeri. Lap.
— Pyr. cent.

HYPERICUM
hirsutum. L. — Pyr. cent.
humifusum. L. — Pyr. Toulouse.
linearifolium. Vahl.
—montanum (foliis latioribus pellu-
cido-punctatis). — Ax (Ariége).
montanum. L. — B. Lang. Pyr.
nummularium. L. — Pyr. cent.
perforatum. L. —Comm.
— elatum. Chois.
— microphyllum. Chois. — Montpellier. Pyr. or.
— punctatum. Chois. — Comm.
pulchrum. L. — Toulouse.
quadrangulum. L. — Comm.
H. caule herbaceo, quadrangulo, recto,
ramoso; foliis planis, ovatis, obtusis, pel-
lucido-punctatis, margine nigro-punctatis; sepalis lanceolatis, acutis; antheris
nigro-punctatis, petalis, staminibus, capsulisque (subsphæricis), calyce subæqualibus.
* repens. L.
tomentosum. L.— B. Lang. Pyr. or.
HYPOCHÆRIS
glabra. L. — Comm.
maculata. L. — B. Lang. Pyr. or.
radicata. L. — Comm.
HYSSOPUS
officinalis. L. — Pyr. cent.

JASIONE
humilis. DC. — Canigou. Vallée
d'Eynes.
montana L. — J. perennis. Lam. —
Pyr. cent.
JASMINUM
fruticans. L. — Comm.
IBERIS
amara. L. — I. saxatilis. Lap.? —
Pyr. Toulouse.
† garrexiana. All. —I. sempervirens.
Lap. — Pyr. élevées.
Je doute fort que cette espèce soit réellement distincte de l'I. sempervirens. L.
linifolia. L.— I. umbellata. Lap.?— B.
Lang. Pyr. or.
pinnata. L.— B. Lang. Pyr. or.
spathulata. DC.— I. carnosa. Lap.—
I. nana. Lap.— I. rotundifolia. Lap.
— Pyr. élevées. Col de Nouri.

ILEX
Aquifolium. L. — B. Lang. Pyr.
IMPATIENS
Noli-tangere. L. —Pyr. cent. Cam-
pan.
IMPERATORIA
Chabræi. Spr.
Ostruthium. L.
INULA
* bifrons. L.
britannica. L.
* Bubonium. Murr.
crithmifolia. L.—Bords de la Méditerranée.
dysenterica. L.—Comm.
germanica. L.—B. Lang.
helenioides. L. — I. Oculus christi.
Lap. —Près Prades (Pyr. or.). La
Seo d'Urgel.
Helenium. L.
hirta. L.
montana. L.— B. Lang. Pyr. or. Vallées espagnoles.
odora. L. — Entre Collioure et Bagnols.
* provincialis. L.
pulicaris. L.—Pyr. Toulouse.
salicina. L.—B. Lang.
squarrosa. L.—B. Lang.
tuberosa. Lam. — Aster punctatus.
Lap. — B. Lang. Pyr. or. Vallées
espagnoles.
* Vaillantii.—Vill.
viscosa. Desf.—B. Lang. Pyr. or.
IRIS
fetidissima. L.—Comm.
germanica. L. — B. Lang. Pyr. or.
lutescens. Lam.—B. Lang. Pyr. or.
Pseudacorus. L.—Comm.
pumila. L.—B. Lang. Pyr. or.
sambucina. L.
spuria. L.— I. sibirica. Lap.— Elne
(Pyr. or.)
xyphioides. Ehrh.—Pyr. cent.
ISATIS
tinctoria. L.—Cerdagne espagnole.
ISNARDIA
palustris. L.
ISOLEPIS
holoschœnus. Br.—Comm.

ISOLEPIS
— romana. Br. — Bords de la Méditerranée.
leptalca. R. et S.
Micheliana. Br.
Saviana. Seb. et Maur.—Montpellier.
setacea. Br.—B. Lang.

ISOPYRUM
thalictroides. L.—Pyr. élevées.

JUNCUS
acutus. L.—Bords de la Méditerranée.
alpinus. Vill.—Pyr. élevées.
aquaticus. Roth.—Comm.
arcticus. Willd.
bufonius. L.—Comm.
bulbosus. L.—Pyr.
capitatus. Willd.
communis var. conglomeratus.Meyer.
— Comm.
— effusus. Meyer.—Comm.
filiformis. L.
Gerardi. Lois.—Ile Sainte-Lucie près Narbonne. Maguelone.
glaucus. Ehrh.—Comm.
Jacquini. L.
maritimus. Sm.
pygmæus. Thuill.—Montpellier.
squarrosus. L.
subverticillatus. Willd.—Pyr.
sylvaticus. Roth.—Comm.
Tenageia. L.—Montpellier.
trifidus. L.—Pyr. élevées.

JUNIPERUS
communis. L.—B. Lang. Pyr.
Oxycedrus. L.—B. Lang. Pyr. or.
phœnicea. L.—B. Lang. Pyr. or.
Sabina. L.

IXIA
Bulbocodium. L.—Montpellier.

KERNERA
oceanica. Willd.

KOCHIA
prostrata. R et S.—Perpignan. Conflent. Vallée d'Andorre.

KOELERIA
† albescens. DC.
brachystachya. DC.—Bords de la Méditerranée.
cristata. Pers.—Comm.

KOELERIA
hispida. DC.— Bords de la Méditerranée.
macilenta. DC. — Bords de la Méditerranée.
phleoides. Pers. — B. Lang. Pyr. or.
setacea. DC.— Pyr. cent.
villosa. DC. — Bords de la Méditerranée.

LACTUCA
perennis. L.— L. chicoriæfolia. DC.
— L. sonchoides. Lap.— B. Lang.
Pyr. or. Saint-Béat.
saligna. L.— Comm.
Scariola. L.—Comm.
tenerrima. Pourr. — Montagne de la Clape, près Narbonne. Pyr. or.
virosa. L.—Comm.

LAGURUS
ovatus. L.—Bords de la Méditerranée.

LAMIUM
album. L.—Pyr.
amplexicaule. L.—Comm.
incisum. Willd. — Toulouse. Montpellier.
maculatum. L.—L. hirsutum. Lam.—
L. grandiflorum. Pourr.—L. stoloniferum. Lap.—Pyr. Toulouse.
Orvala. L.
purpureum. L.—Comm.

LAPSANA
communis. L.—Comm.
pusilla. Willd.—Pyr.

LARBRÆA
aquatica. Saint - Hil. non Ser. in.
DC. Prod. — Stellaria aquatica. L.
— Pyr.

LASERPITIUM
gallicum. L.—Narbonne. Pyr. or.
hirsutum. Lam.
latifolium. L.— Pyr.
Libanotis. L.
Siler. L.—Pyr.
trilobum. L.— Pyr.

LATHRÆA
clandestina. L.—Pyr.
Squammaria. L.

LATHYRUS
angulatus. L.—B. Lang. Pyr. or.
annuus. L.—Comm.

LATHYSUR

Aphaca. L.—Comm.

articulatus. L.—Collioure.

bithynicus. Lam. — Montpellier. Durban dans les Basses-Corbières. Toulouse.

Cicera. L. — B. Lang. Pyr. or.

cirrhosus. Ser.

heterophyllus. L. — B. Lang. Pyr. or.

hirsutus. L. — Comm.

inconspicuus. L.—B. Lang. Pyr. or.

latifolius. L.—Comm.

Nissolia. L.—Comm.

palustris. L.—Pyr. cent.

pratensis. L.—Comm.

sativus. L.—B. Lang.

setifolius. L.—B. Lang. Pyr. or. Toulouse.

sphæricus. DC. — B. Lang. Pyr. or.

sylvestris. L.

tuberosus. L.—Pyr. cent.

LAURUS

nobilis. L. — Pic Saint - Loup, près Montpellier.

LAVANDULA

latifolia. Ehrh.— L. Spica. DC.— B. Lang. Pyr. or. Vallées espagnoles.

officinalis. Ehrh.— L. Spica. L.— L. vera. DC.—L. pyrenaica. DC.—Pyr. or. Vallées espagnoles.

LAVATERA

maritima. Gou.—Mireval près Montpellier. La Clape près Narbonne.

Olbia. L. — L. triloba. Lap. — Entre Collioure et Bagnols.

* trimestris. L.

LEMNA

gibba. L.

minor. L.—Comm.

polyrhiza. L.

trisulca. L.—Comm.

LEONTODON

Taraxacum. L. — Taraxacum officinale. Saint-Amans. — Comm.

— α obovatum.—L. obovatus. Willd. — T. obovatum. DC. —T. officinale obovatum. Saint-Amans.

Foliis patulis, obovatis, denticulatis; squamis apice cornigeris, exterioribus ovato - lanceolatis, reflexis. — Sur les bords des chemins en Bas Languedoc.

LEONTODON

— β runcinatum.—T. obovatum, var. DC.

Foliis patulis, runcinato - pinnatifidis, laciniis lato - lanceolatis ; squamis apice cornigeris, exterioribus ovato-lanceolatis, reflexis. — Dans les lieux secs et cultivés, auprès des chemins, en Bas Languedoc.

—γ. lævigatum.—L. lævigatus. Willd.? — T. lævigatum. DC.

Foliis patulis, runcinato-pinnatifidis, laciniis linearibus, incisis ; squamis apice callosis l. cornigeris, exterioribus reflexis. — Très-commun en automne, en hiver, et au premier printemps, dans les lieux secs et arides du Bas Languedoc.

—δ. vulgare.—L. Taraxacum. Willd.— T. Dens-leonis. Desf.—T. officinalis. Saint-Amans.

Folis subpatulis l. erectiusculis, runcinato - pinnatifidis, laciniis lanceolatis, dentatis l. incisis, squamis apice integerrimis l. subcallosis, exterioribus lanceolatis, reflexis. — Commun dans les jardins et les lieux cultivés.

— ε. intermedium.

Foliis subpatulis, runcinatis, laciniis lanceolato-linearibus, integris, dentatis, l. incisis ; squamis apice integerrimis l. subcallosis, exterioribus ovato-lanceolatis, acutiusculis, primò adpressis, demùm patulis l. reflexis. — En Bas Languedoc, dans des lieux moins secs que la var. γ, moins gras et moins humides que la variété ζ.

—ζ. palustre.—L. lividus. Willd.—L. palustre. Pers.—T. palustre. DC. — T. officinale palustre. Saint-Amans.

Foliis erectiusculis integris, sinuatis, dentatis, l. runcinatis ; squamis apice integerrimis, exterioribus ovatis, obtusis, adpressis. — Commun dans les prairies humides.

Au premier abord, on croit reconnaître autant d'espèces dans ces différentes variétés ; mais, en les examinant sur le vivant, on ne peut plus fixer de limites pour les séparer, et l'on s'aperçoit que ce n'est qu'une suite de variations produites par la différence du sol et de l'exposition de leurs stations.—Depuis que j'ai rédigé ces notes, je me suis aperçu que M. de

LEONTODON

Saint-Amans a aussi réuni tous les Leon-
todons en une seule espèce, dans sa *Flore
agénoise*, la meilleure que nous possé-
dions dans le midi de la France.

LEONURUS

Cardiaca. L.—Saint-Béat.

LEPIDIUM

campestre. Br. — L. cristatum. Lap.
— Comm.

L. siliculis ovatis, alatis, emarginatis,
lepidoto-punctatis; stylo brevissimo, intra
emarginaturam incluso; caulibus erectis
l. ascendentibus, supernè ramosis; foliis
caulinis sagittatis, dentatis, pubescentibus. — Très-commun et le plus souvent
à tige droite et solitaire ; quelquefois elle
est rameuse et un peu couchée à la base,
mais jamais comme dans les deux espèces
suivantes. — La silicule cristée, dont
parle M. de Lapeyrouse, en décrivant son
L. cristatum, est une déception, due aux
pétales flétries et adhérentes à la silicule,
par la dessication de l'échantillon sur
lequel il a établi l'espèce.

heterophyllum. Benth.—Thlaspi heterophyllum. DC. ?—Vallée d'Eynes.

L. siliculis ellipticis, alatis, vix emarginatis, glabris ; stylo exserto, filiformi;
caulibus diffusis, basi ramosis, apice ascendentibus simplicibus ; foliis caulinis
sagittatis, dentatis, glabris. — Tiges nombreuses, glabres, couchées et rameuses à la
base, pubescentes vers le sommet ; feuilles
glabres, de la forme à-peu-près de celles
des L. campestre et hirtum, c'est-à-dire, les
radicales pétiolées, entières, dentées ou
lyrées, les caulinaires amplexicaules,
oblongues ou lancéolées, sagittées, et à
dents aiguës plus ou moins nombreuses.—
Je n'ai pas pu examiner les graines pour
décider s'il appartient aux Thlaspi ou aux
Lepidium ; je ne l'ai rangé dans ce dernier
genre qu'à cause de son affinité avec les
L. campestre et hirtum. Il diffère du premier par ses tiges couchées et ses feuilles
glabres, du second par l'absence de poils
hérissés sur les tiges, les feuilles et les silicules; de l'un et de l'autre par la forme
des silicules et la longueur du style. —
Nous l'avons trouvé assez abondant à la
vallée d'Eynes.

LEPIDIUM

M. de Candolle décrit, sous le nom de
Thlaspi heterophyllum, une plante qu'il
a vue dans l'herbier de M. Clarion, et qui
fut trouvée par M. Clément dans les Pyrénées voisines d'Espagne. Sa description
convient assez à notre plante, à l'exception du port, qu'il dit être celui du T. alpestre, mais ce dont il n'a peut-être pas
pu bien juger sur un échantillon sec.
hirtum. DC.

L. siliculis oblongis, alatis, emarginatis, pilosis; stylo siliculæ lobis æquali
l. sublongiore ; caulibus basi ramosis ascendentibus ; foliis caulinis sagittatis,
dentatis, villosis. — Le style est presque
toujours un peu plus long que les lobes
de la silicule, la silicule est toujours velue
et deux fois plus longue que large, caractères qui distinguent essentiellement cette
espèce du L. campestre, dont elle diffère
d'ailleurs par le port. Je ne l'ai vue que
dans les lieux secs et rocailleux des parties
chaudes du Bas Languedoc et des Pyrénées orientales ; ce qui me fait croire que
ce n'est pas elle, mais une simple variété
du L. campestre, que les auteurs indiquent en Angleterre et dans le nord de la
France.

Draba. L. — Comm.
Iberis. L. — Comm.
latifolium. L. — Montpellier.
ruderale. L.— L. subulatum. Lap. —
L. graminifolium. Lap. — Bords
de la Méditerranée. Cerdagne.

LEUCOIUM

æstivum. L. —B. Lang.
autumnale. L.

LEUZEA

conifera. DC.— B. Lang. Pyr. or.

LIGUSTICUM

athamantoides. Spr. — Athamanta
crithmoides. Lap, ex. Spr.
austriacum. L.
Cervaria. Spr. — Montpellier.
ferulaceum. All.
Levisticum. L.
peloponesiacum. L. — B. Lang.
Pyr. or.
simplex. All. — Pyr. élevées.
tenuifolium. DC.

LILIUM
bulbiferum. L.
Martagon. L. — Pyr. cent.
pyrenaicum. Gou. —Canigou.
LIMODORUM
abortivum. L. — B. Lang. Narbonne.
Epipogium. Willd.
LIMOSELLA
aquatica L.
LINARIA
alpina. Desf. — Pyr. élevées.
arenaria. DC.
arvensis. Desf. — Basses Corbières.
chalepensis. — Montpellier.
cymbalaria. Desf. — Montpellier.
elatine. Desf — Comm.
genistifolia. Desf. — Antirrhinum sparteum. Lap.? —Collioure.
minor. Desf. —Comm.
origanifolia. Desf. — Comm.
— rubrifolia. — L. rubrifolia. DC. — B. Lang.
— grandiflora. — Antirrhinum villosum. Lap.— Pyr. élevées. Font de Comps. Crabère.
Pelisseriana. DC. — Montpellier.
* pilosa.
repens. Antirrhinum monspessulanum.L.—L.striata.DC.—Comm.
simplex. Desf. — Antirrhinum bipunctatum. Lap. — B. Lang. Pyr. or.
spuria. Mill. — Comm.
supina. Desf. — Comm.
— pyrenaica. —L. pyrenaica. DC.— Antirrhinum supinum β. Lap. — A. glaucum. Lap. — A versicolor. Lap.—B. Lang. Pyr.
— odoratissima (caulibus ramosissimis diffusis apice pubescentibus, floribus odoratissimis). — Pic Saint-Loup et Capouladoux, près Montpellier.
thymifolia. Desf. — Bayonne.
Cette plante n'est peut-être encore qu'une simple variété du L. supina.
vulgaris. Desf. — Comm.
LINUM
alpinum. L. — Font de Comps. La Seo d'Urgel.

LINUM
angustifolium. L. — Comm.
catharticum. L.—Comm.
gallicum. L.—Comm.
glandulosum.DC.—L.campanulatum. Lap. et Aut.—B.-Lang. Pyr. or.
hirsutum. L.—L. viscosum. L.?—Revers espagnol des Pyr. cent. (Herb. Lap.)
maritimum. L. — B.-Lang. Pyr. or.
narbonense. L.—B.-Lang. Pyr. or.
perenne. L.—L. montanum. DC.—L. austriacum. DC. — L. anglicum. DC.? — L. usitatissimum. Lap.—L. grandiflorum. Lap.— L. pyrenaicum. Pourr.—Pyr.
Je ne puis approuver le démembrement du L. perenne de Linné ; je crois même que le L. alpinum n'en est qu'une variété à feuilles étroites, provenant de la chaleur des expositions et de l'aridité des sols où il croît. — Les échantillons que nous avons cueillis en descendant à la Seo d'Urgel, sont presque intermédiaires entre les deux espèces.

strictum. L. — L. flavum. Lap. —B. Lang. Pyr. or.
Cette espèce varie beaucoup, quant à sa grandeur et à la disposition de ses fleurs, selon les lieux où elle croît; dans les terrains secs et arides, sa tige ne s'élève qu'à 3 ou 4 pouces, et se termine par une petite tête de fleurs serrées; dans les lieux cultivés, elle dépasse 2 pieds de hauteur, se ramifie beaucoup au sommet, et les petites têtes de fleurs sont disposées en une ample panicule. Lorsque sa tige a été broutée et qu'elle survit aux chaleurs de l'été, elle repousse un grand nombre de tiges couchées à la base, et les fleurs, au lieu d'être réunies en petites têtes, sont presque sessiles le long des rameaux de la panicule; mais alors elle est très-différente du L. strictum alternum.

—alternum. DC.—L. alternum. Pers. — Bords de la Méditerranée.
La tige est droite et grêle; ses fleurs constamment sessiles le long des rameaux de la panicule, et de moitié plus petites que dans le L. strictum α.— Son port est

Linum

constant, et peut-être pourrait-on trouver des caractères assez importans pour le rétablir comme espèce.

suffruticosum. L.—L. salsoloides. DC.—B. Lang. Pyr. or. Vallées espagnoles.

L. caulibus basi fruticosis, ramosis; foliis lineari-setaceis, acutis; sepalis ovatis, acuminatis, medio glanduloso-ciliatis; corollâ campanulatâ; petalis oblongis; calyce quadruplò quintuplòve longioribus.

Dans l'état de siccité et sans pétales, cette espèce paraît souvent se confondre avec le L. tenuifolium; mais, vivant, il en diffère beaucoup par le port et surtout par sa corolle, à-peu-près deux fois plus grande que dans l'autre, de la forme de celle du L. glandulosum, et d'un blanc pur, marqué de raies purpurines, avec le fond d'un pourpre foncé.—La tige et les feuilles, plus ou moins lisses en Languedoc, deviennent un peu rudes au toucher, à mesure qu'on se rapproche des climats chauds de l'Espagne; mais ce caractère est trop inconstant pour constituer même de bonnes variétés.—Au reste, M. de Candolle, dans son *Prodromus*, paraît avoir décrit la tige et les feuilles du L. suffruticosum, avec les fleurs du L. tenuifolium.

tenuifolium. L.—Comm.

L. caulibus basi ramosis; foliis linearisetaceis, acutis; sepalis lanceolatis, acuminatis, medio glanduloso-ciliatis; corollâ subrotatâ; petalis ovatis, calyce duplò triplòve longioribus.

Si l'on compare les fleurs du L. suffruticosum, pour la forme et la grandeur, à celles du L. glandulosum, on peut de même comparer celles du L. tenuifolium à celles du L. maritimum : leur couleur est d'un blanc rosé, à l'intérieur comme à l'extérieur.

usitatissimum. L.—Pyr. or.

Listera

cordata. Br.
ovata. Br.—Pyr. cent.

Lithospermum

apulum. L.—B. Lang. Pyr. or.

Lithospermum

arvense. L.—Comm.
fruticosum. Mill. — B. Lang. Pyr. or.
officinale. L.—Comm.
oleæfolium. Lap. — St.-Andiol près Prats de Mollo.
prostratum. Lois.
purpureocœruleum. L.—Comm.
tinctorium. L.—Montpellier.

Littorella

lacustris. L.

Lobelia

urens. L. — Pyr. oc. Entre Saint-Girons et Foix.

Loeflingia

Hispanica. L.—Ile Sainte-Lucie et Fontfroide, près Narbonne.

Lolium

arvense. With. — Comm.
perenne. L — Comm.
temulentum. L. — Comm.

Lonas

inodora. Gærtn.

Lonicera

alpigena. L.
balearica. DC. — Narbonne. Pyr. or.
Caprifolium. L.
Depuis que l'on a distingué les L. balearica, etrusca, implexa, etc., du L. Caprifolium de Linné, je ne trouve, du moins dans le midi de la France, aucune plante qui puisse conserver ce dernier nom.
etrusca. Lois. — B. Lang. Pyr. or.
nigra. L.—Pyr. élevées.
Periclymenum. L.—Comm.
pyrenaica. L.—Pyr. or. et cent.
Xylosteum. L.—Comm.

Loroglossum

anthropomorphum. Rich.
hircinum. Rich. — B. Lang. Toulouse.

Lotus

angustissimus. L. — Toulouse.
corniculatus. L. — Comm.
— major. Ser. — Comm.
— villosus. Ser. — B. Lang.
— crassifolius. Ser. — Bords de la Méditerranée.
— alpinus. Ser. —Pyr. élevées.
cytisoides. L.

LOTUS
† diffusus. Ser. — Pyr. or.
† hispidus. Desf. — Collioure.
LUNARIA
biennis. Moench.
rediviva. L. — Pyr. cent.
LUPINUS
* albus. L.
angustifolius. L. — Pyr. or.
* hirsutus. L.
* luteus. L.
* varius. L.
LUZULA
albida. DC.
campestris. DC. — Comm.
congesta. DC. — Pyr.
flavescens. DC.
Forsteri. DC.
† glabrata. DC. — Canigou.
lutea. DC. — Vallée d'Eynes.
maxima. DC.
multiflora. DC. — Port de Benasque.
nivea. DC. — Pyr.
pediformis. DC. — Pyr. élevées.
spadicea. DC.
spicata. DC. — Pyr. élevées.
sudetica. DC.
vernalis. DC. — Comm.
LYCHNIS
alpina. L. — Pyr. élevées. Vallée d'Eynes.
* coronaria. Lam.
dioica. L. — Comm.
Flos-cuculi. Lam. — Comm.
Githago. Lam. — Comm.
pyrenaica. Bergeret. — Pyr. oc.
sylvestris. Hop. — Pyr. cent. et oc.
Viscaria. L.
LYCIUM
barbarum. L. — Pyr. or.
europæum. L. — Comm.
LYCOPUS
europæus. L. — L. exaltatus. Lap.
   Si le vrai L. exaltatus L. est différent de celui-ci, je ne crois pas qu'il habite les Pyrénées. Tous les échantillons que j'ai vus sous ce nom se rapportent au L. europæus.
LYSIMACHIA
Ephemerum. L. — Pyr. or. Bagnères de Luchon.

LYSIMACHIA
Linum-stellatum. L. — B. Lang. Pyr. or.
nemorum. L. — Comm.
nummularia. L. — Comm.
vulgaris. L. — Comm.
LYTHRUM
hyssopifolia. L. — B. Lang.
Salicaria. L. — Comm.
thymifolia. L. — Montpellier.
tribracteata. Salzm. — Massillargues.

MALCOLMIA
africana. Br. — Villesèque, dans les Basses Corbières.
littorea. Br. — Bords de la Méditerranée.
maritima. Br.
MALVA
Alcea. L. — Pyr.
moschata. L. — Pyr.
nicæensis. All. — Cette.
parviflora. L. — Pyr. or.
rotundifolia. L. — Comm.
sylvestris. L. — Comm.
Tournefortiana. L. — Collioure.
MANDRAGORA
* officinalis. Mill.
MARRUBIUM
supinum. L. — B. Lang.
vulgare. L. — Comm.
MATHIOLA
sinuata. Br. — Bords de la Méditerranée.
tricuspidata. Br. — Bords de la Méditerranée.
MATRICARIA
Chamomilla. L.
suaveolens. L.
MECONOPSIS
Cambrica. Vig. — Pyr. élevées.
MEDICAGO
   Je reproduis ici ce genre en entier, à cause des changemens que j'ai dû adopter dans l'ordre et la nomenclature, donnés par M. Seringe, dans le *Prodromus* de M. de Candolle. J'ai marqué d'une † les espèces que je n'ai pas vues et qui me manquent par Monographie générale du genre. Je recevrais avec reconnaissance, soit des échantillons au-

MEDICAGO

thentiques en fruit, soit de simples dessins du fruit de toutes ces espèces , ainsi que de toutes celles que je rapporte en synonymes avec le point de doute, et sur-tout les espèces authentiques de Willdenow, Bieberstein et Tenore. En même temps, je désire rassembler une collection aussi complète que possible de toute la tribu des Trifoliées, et j'offre en échange des collections de près de cent espèces de cette tribu, nommées d'après les monographies que je prépare.

SECT. I. HYMENOCARPUS. SER.

circinnata. L. — Ser. in DC. Prod. 2. p. 171. n°. 1. — M. hispanica. Mill.

M. annua, villosa ; foliis pinnatis , 3-7 foliolatis ; stipulis latis subintegris; leguminibus submembranaceis, reniformibus, nervosis, pilosis , margine alato dentato l. integro.

— nummularia. — M. nummularia. DC. — Ser. in DC. Prod. 2. p. 171. n°. 2.

Cette variété ne diffère du type de l'espèce que par le bord du légume, entier ou presque entier. Lorsqu'on n'examine que les extrêmes, on croit voir deux espèces bien distinctes ; mais j'ai vu tant d'états intermédiaires, et même des fruits à bord bien denté et d'autres à bord entier sur les mêmes individus, que je n'hésite pas à les considérer, avec Willdenow, comme de simples variétés l'une de l'autre. Le M. circinnata varie beaucoup aussi dans le nombre de folioles , dont la terminale est souvent, mais pas toujours, beaucoup plus grande que les autres. Cette espèce se rapproche de certains Anthyllis parmi lesquels il faudra peut-être la ranger.

radiata. L. — Ser. in DC. Prod. 2. p. 172. n°. 3. — Aux environs de Narbonne. (Pourr. in Herb. Bouschet.)

Le M. brachycarpa. Fisch. (Ser. in DC. Prod. 2. p. 172. n°. 5), doit, à mon avis , être placé dans le genre Trigonella, dont il a le port, l'inflorescence et le fruit.

SECT. II. LUPULARIA. SER.

†rupestris. Bieb.— Ser. in DC. Prod. 2. p. 172. n°. 4.

MEDICAGO

lupulina. L. — Ser. in DC. Prod. 2. p. 172. n°. 6. — M. Willdenovii. Mérat. — Comm.

La variété *unguiculata*. Ser. est une monstruosité qui me paraît due au style converti en feuille , plutôt qu'à une aberration dans le légume. M. Marchand de St.-Béat m'a communiqué une monstruosité analogue dans l'Ononis Natrix.

falcata. L. — Ser. in DC. Prod. 2. p. 172. n°. 8. — M. procumbens. Bess.?—Ser. in DC. Prod. 2. p. 173. n°. 9. — Comm.

M. perennis , subglabra, stipulis subintegerrimis , pedunculis racemosis , leguminibus falcato-subcontortis , glabriusculis.

—tumida. Ser.—M. strumaria. Hortul.

Cette variété diffère du type par ses fleurs et fruits plus grands. La var. *annularis*. Ser. me paraît appartenir au M. sativa, car la couleur des fleurs ne doit pas être le caractère de ces deux espèces, mais bien la forme des légumes, qui, dans l'une , est en faulx , un peu tordue, mais sans jamais former la spirale ; dans l'autre, il est annulaire à un , un et demi, ou même deux tours. — Le M. procumbens. Bess. , que j'ai reçu de M. Seringe , appartient à cette espèce; Sprengel (Syst. 3. p. 276.) le rapporte au M. prostrata. N'ayant pas vu d'échantillons nommés par Bess. , ni l'ouvrage où cet auteur a décrit l'espèce, je ne puis encore décider la question.

intermedia. Schult. — Ser. in DC. Prod. 2. p. 173. n°. 17.

Elle diffère du M. falcata , comme le M. glutinosa du M. sativa, par les poils glutineux qui couvrent les légumes.

sativa. L. — Ser. in DC. Prod. 2. p. 173. n°. 15. — Comm.

—versicolor. Ser. — M. media. Pers. —Ser. in DC. Prod. 2. p. 173. n°. 14. — M. falcata β annularis. Ser.? in DC. Prod. 2. p. 173. — Comm.

prostrata. Jacq.—Ser. in DC. Prod. 2 p. 173. n°. 16.

M. glabra, perennis ; stipulis subin

MEDICAGO

gerrimis ; leguminibus cochleato-contortis
2-cyclis, tenuissime reticulatis. — Elle diffère du M. sativa par ses tiges toujours
couchées, ses fleurs et ses fruits beaucoup
plus petits.

glutinosa. Bieb.—Ser. in DC. Prod. 2.
p. 174. n°. 19. — M. glomerata.
Balb.— Ser. in DC. Prod. 2. p. 174.
n°. 18.

Je ne puis voir la moindre différence
entre ces deux plantes, qui se distinguent
du M. sativa par les poils glutineux des
légumes, du M. intermedia par les légumes annulaires ou en spirales, au lieu
d'être simplement en faulx.

* cretacea. Bieb. — Ser. in DC. Prod.
2. p. 172. n°. 7. — M. fruticans.
Horn. (ex Spr. Syst.) 3. p. 286.
leiocarpa. Benth. — M. lenticulata.
Pour. Mss. (Herb. Bouschet.) —
Environs de Narbonne.

M. suffruticosa, glabra, prostrata ; stipulis lato-lanceolatis, integris l. subdentatis ; leguminibus glaberrimis, cochleato-
contortis, 2-3 cyclis, arcuato-reticulatis ;
seminibus subreniformibus.

Cette jolie espèce, que nous avons découverte sur les collines calcaires des environs de Narbonne et des Basses Corbières, ressemble beaucoup à la suivante ;
mais elle en diffère constamment par ses
légumes glabres profondément veinées,
par l'aspect général de la plante beaucoup
plus glabre, et dans les échantillons que
j'ai examinés, par la forme des graines
plutot réniformes qu'obliquement cordées.
—Je l'ai vue depuis, provenant des mêmes
lieux, dans l'herbier de M. Bouschet-Dou-
menq, à Montpellier, sous le nom de M.
lenticulata Pourr. Je n'ai pas conservé ce
nom, encore inédit, pour ne pas le confondre avec le M. obscura, appelé par
Desrousseaux M. lenticularis.

suffruticosa. Ram. — Ser. in DC.
Prod. 2. p. 173. n°. 11. — Pyr. or.
et cent.

M. suffruticosa, pubescens, prostrata ;
stipulis lato-lanceolatis, integris l. subdentatis ; leguminibus pubescentibus, sub-
cochleatis, subreticulatis ; seminibus obli-
què cordatis.

MEDICAGO

— villosa. — Pyr. or.

Cette variété a les légumes un peu plus
en spirale et plus velues. C'est la plus commune dans les Pyrénées orientales, où
plusieurs montagnes en sont couvertes ; la
première variété, qui est celle de M. Ramond, se trouve à Esquierry, à Benasque,
à la Seo d'Urgel, etc.

arborea. L. — Ser. in DC. Prod. 2.
p. 173. n°. 12.

† sibirica. DC. — Ser. in DC. Prod. 2.
p. 173. n°. 13. — Melilotus sibirica.
Poir.

† cancellata. Bieb. — Ser. in DC.
Prod. 2. p. 173. n°. 10.

SECT. III. SPIROCARPOS. SER.

En sous-divisant cette section, j'ai pro-
visoirement groupé les espèces d'après
les analogies générales que j'ai remarquées
dans la forme des fruits ; je me réserve de
donner les caractères des sous-sections,
lorsque j'en aurai déterminé la circonscription d'une manière plus exacte dans la
Monographie dont je m'occupe.

§ 1. Orbiculares.

obscura. Retz.—Ser. in DC. Prod. 2. p.
174. n°. 20. — M. lenticularis. Desr.
lævis. Desf. — Ser. in DC. Prod. 2.
p. 174. n°. 21. — M. Helix. Willd.
orbicularis. All.—Ser. in DC. Prod. 2.
p. 176. n°. 22. — Comm.

M. annua, glabra ; stipulis laciniatis ;
leguminibus laxè cochleatis compresso-
cylindricis, 2-5 cyclis, membranaceis, reticulatis, venosis ; seminibus sub-triangula-
ribus, punctato-rugosis.

—marginata — M. marginata. Willd.
—Ser. in DC. Prod. 2. p. 174. n°. 23.
—Narbonne. Béziers.

On ne peut presque pas distinguer cette
variété sur le sec. Lorsqu'ils sont frais,
les tours de spire, au lieu d'être épais au
centre, et diminuant insensiblement d'é-
paisseur jusqu'au bord aigu, sont renflés
au milieu avec un bord assez large, mince
et membraneux ; les légumes sont d'ailleurs un peu plus petits ; mais cette différence est trop peu marquée ou constante
peur en faire une espèce.

MEDICAGO

— pilosa. — M. applanata. Willd. —
Ser. in DC. Prod. 2. p. 175. n°. 24.
— Montpellier. La Seo d'Urgel.

Dans les jardins , les poils des légumes
sont assez constans ; à l'état sauvage , on
voit très-souvent des individus ayant eu
même temps des légumes glabres et ve-
lus.

scutellata. All.—Ser. in DC. Prod. 2.
p. 175. n°. 25. — Montpellier.

§ 11. *Tornatæ.*

elegans. Jacq. — M. rugosa. Lam. —
Ser. in DC. Prod. 2. p. 175. n°. 26.
tornata. Willd. — Ser. in DC. Prod. 2.
p. 175. n°. 28. — M. tornata minor.
Hortul.

Les légumes sont toujours parfaitement
lisses et unis , sans épines, tubercules ni
veines.

reticulata. Benth.— Cascastel , dans
les Basses Corbières.

M. annua , subglabra ; stipulis laciniatis ; leguminibus adpressè cochleatis, 4-6
cyclis , cylindricis , utrinquè planis , reticulatis, margine crasso , bisulcato , tuber-
culoso.

Il diffère du M. rugosa par ses légumes
moins larges , à plus de tours, et plutôt
tuberculeux que veinés ; des M. tornata et
cylindracea, par ses légumes réticulés et
tuberculeux , mais sans épines. Les autres
caractères le rapprochent de ces deux espèces. Nous l'avons découvert dans les
blés aux environs de Cascastel et de Ville-
neuve dans les Basses Corbières.

cylindracea. DC. ? —Ser. in DC. Prod.
2. p. 178. n°. 54? — M. muricata.
Salzm. pl. exsicc. — non Willd.

M. annua, subglabra ; stipulis laciniatis ; leguminibus adpressè cochleatis ,
4-6 cyclis , subcylindricis , utrinquè planis , margine crassiusculo, tenuissime re-
ticulato, brevissimè subulato-muricato.

Sa forme est celle des deux dernières
ou peut-être un peu moins régulièrement
cylindrique. Il diffère du M. tornata par
une légère réticulation du légume et par
les très-petites épines qui se trouvent sur
son bord.— M. Salzmann m'en a communiqué des échantillons cueillis à Tanger

MEDICAGO

sous le nom de M. muricata , dont ils diffèrent beaucoup. C'est d'après les descriptions que je le rapporte au M. cylindracea. DC., dont je n'ai pas encore vu
d'échantillons authentiques.

turbinata. Willd. — Ser. in DC. Prod.
2. p. 175. n°. 29. — M. doliata.
Carming.

tuberculata. Willd. — Ser. in DC.
Prod. 2. p. 175. n°. 30. — M. spinulosa. DC.—Ser. in DC. Prod. 2.
p. 176. n°. 38.—M. pubescens. DC.
— Ser. in DC. Prod. 2. p. 176.
n°. 39. — non Horn. — M. Catalo-
nica. Schrank.-Ser. in DC. Prod. 2.
p. 176. n°. 33.—M. aculeata. Willd.?
—Ser. in DC. Prod. 2. p. 179. n°. 64?
—non Gærtn.—M. apiculata. Bast.?
— non M. tricycla DC. nec M. striata. Bast. quas Spr. in Syst. 3. p. 288.
huc adduxit. — Montpellier.

M. annua, villosa; stipulis lanceolatis
subdentatis ; leguminibus adpressè cochleatis, 3-4 cyclis , ovatis , infrà margi-
nem crassum lacunoso-tuberculosis l. brevissimè subulato-muricatis ; demum , margine crassissimo , tuberculoso-leprosis.

Espèce très-distincte et constante ; les
auteurs qui en ont fait plusieurs ont regardé les légumes , dans différens degrés
d'accroissement , comme provenant de
plantes différentes. Les fruits offrent d'a-
bord un disque assez large et aplati , à
bord un peu épais , et marqué des deux
côtés par des lacunes profondes. Entre ces
lacunes se trouvent des tubercules, aigus ,
ou terminés par de petites épines fines qui
ne dépassent que rarement le bord de la
gousse. Peu-à-peu les fruits grossissent
et prennent la forme ovale cylindrique ,
les lacunes du bord se remplissent, les
épines s'oblitèrent, de sorte que , à leur
maturité , les légumes sont exactement
semblables à ceux que Morison a figurés
Hist. S. 2 , t. 15 , f. 6. Cette espèce ,
assez commune dans les jardins et herbiers,
se trouve dans la plupart des contrées mé-
diterranéennes. Elle serait peut-être mieux
placée dans le groupe des globuleuses.

† saxatilis. Bieb.—Ser. in DC. Prod. 2.
p. 175. n°. 27.

§ III. *Globulosæ.*

sphærocarpos. Bert. — Ser. in DC.
Prod. 2. p. 180. n°. 70. — M. globu-
lifera. Poir. (ex Spr.Syst. 3. p. 288.)
—Ser. in DC. Prod. 2. p. 176.n°. 37.
— M. globulosa Desv.? Ser. in DC.
Prod. 2. p.176. n°. 35.

M. annua, subglabra; stipulis laciniatis,
leguminibus adpressè cochleatis, 5-8 cyclis, ovato-subglobosis, margine crasso,
bisulcato, aculeis conico - subulatis sub-
rectis.

— macrocarpos. — M. ovata. Car-
mign.

Cette variété diffère par ses légumes
plus gros et plutôt ovales que globuleux,
et par ses épines un peu plus longues. Je
l'avais d'abord regardée comme espèce ;
mais ayant observé que ni la grosseur des
fruits, ni la longueur des épines ne sont
constantes dans ce genre, et quant à la
forme de ces mêmes légumes, ayant reçu
plusieurs échantillons qui en ont en même
temps de globuleux et d'ovales, d'après le
degré de développement qu'ils avaient pris
avant de mûrir, je me suis convaincu que
le M. ovata n'est qu'une simple variété du
M. sphærocarpos. J'ai reçu de Hières plusieurs échantillons de cette espèce, qui y
est commune. La variété à gros fruits croît
en Italie ; je l'ai vue dans les herbiers de
MM. Requien, Delile et autres.

muricata. Willd.? —Ser. in DC. Prod.
2. p. 180. n°. 69. — non Spr. —
Montpellier.

Il diffère du précédent en ce qu'il est
très-velu, et par ses légumes plus gros,
à épines plus grosses, un peu recourbées,
et qui dégénèrent souvent en simples tubercules.

Gerardi. Willd.—Ser. in DC. Prod. 2.
p. 179. n°. 66. — M. rigidula. Lam.
— Ser. in DC. Prod. 2. p. 180.
n°. 68. — M. hirsuta. Thuill. —
M. villosa. DC. — M. villosula
Baumg. (ex Spr. Syst. 2. p. 291.)
— M. agrestis. Pers.?—Ser. in DC.
Prod. 2. p. 179. n°. 67.? (ex Spr.
Syst. 2. p. 291). — non M. pubes-
cens. Horn.

Cette espèce varie dans sa pubescence,
sa stature et son port, d'après le terrain
où elle croît ; mais, sur le vivant, il est
presque impossible d'en faire des variétés
assez marquées pr .. leur donner des noms.
Cependant, j'ai quelquefois cueilli au port
Juvénal, près Montpellier, des échantillons dont tous les légumes étaient à huit
ou neuf tours de spire, mais trop incomplets pour que je puisse rien dire de positif à leur égard. J'avais d'abord regardé
le M. rigidula. Lam. comme une espèce
distincte, intermédiaire entre celle-ci et le
M. muricata, ou le M. turbinata ; mais en
ayant, depuis peu, vu beaucoup d'échantillons, je crois qu'il ne diffère du M.
Gerardi que par la brièveté de ses épines,
ce qui ne peut point caractériser une espèce.

§ IV. *Distichæ.*

pubescens. Horn. — Non DC. — M.
Hornemanniana. Ser. in DC. Prod.
2. p. 177. n°. 44.
tribuloides. Lam. — Ser in DC. Prod.
2. p. 178. n°. 53. — M. Murex.
Willd.? — Ser. in DC. Prod. 2.
p. 180. n°. 71. — M. tentaculata.
Willd.? — Ser. in DC. Prod. 2.
p. 177. n°. 43.? (ex descr. et spec.
in Horto parisiense olim cultis.)

M. annua, villosa ; stipulis dentatis ; leguminibus adpressè cochleatis, 5-8 cyclis,
subcylindricis, utrinquè planis, glabris,
margine crasso bisulcato ; spinis validis
inæqualibus, junioribus rectis l. hamosis, erectis l. adpressè distichis, ætate
crassis conicis, l. turgidis, distichis, arctè
adpressis.

Aucune espèce n'est plus variable ni
plus difficile à décrire que celle-ci, parce
que toutes les différentes formes de légumes, décrites sous les noms de M. Murex et tentaculata, se trouvent réunies
souvent sur le même échantillon. Elle ressemble au M. Gerardi et muricata, dont
elle diffère par ses fruits glabres, cylin-
driques plutôt qu'ovales-globuleux, par
ses épines plus fortes, presque toujours
entrecroisées. Le M. pubescens en est très-
voisin ; mais ses fruits sont beaucoup plus

MEDICAGO

allongés, moins glabres, et ses épines
plus longues et plus régulièrement entrecroisées.

truncatulata. Gærtn. (ex icone.)
— Montpellier.

M. annua, villosa; stipulis dentatis; leguminibus cochleatis, 4 - cyclis, cylindricis, utrinquè planis, glabris; margine
crasso, bisulcato; spinis lateralibus, brevissimis, conicis, distichis, adpressis.

Le fruit est beaucoup plus petit que celui du précédent et plus régulier; les épines plus petites, plus régulières, jamais
assez longues pour s'entrecroiser; les tours
de spire moins serrés et moins nombreux.
J'en ai vu un assez grand nombre d'é-
chantillons provenant des environs de
Montpellier, où je ne l'ai cependant pas
encore cueilli moi-même.

littoralis. Rohde.—Ser. in DC. Prod.
2. p. 177. n°. 45.—M. striata. Bast.—
Ser. in DC. Prod. 2. p. 175. n°. 31.
M. tricycla. DC. — M. arenaria.
Ten.?—Ser. in DC. Prod. 2. p. 179.
n°. 59.? (ex Spr. Syst. 3. p. 290).—
M. rigidula. Quorumd.

M. annua? villosa; stipulis dentatis; leguminibus adpressè cochleatis, sub-4
cyclis, cylindricis, glabris, margine
crasso, vix bisulcato, aculeatis l. sub-
inermibus, aculeis junioribus hamosis,
ætate sæpè distichis subadpressis.

— longiseta. Ser.

Le fruit de cette espèce est encore plus
petit, les tours de spire sont très-serrés,
quelquefois sans aucune épine : alors on
ne la distingue du M. tornata que par la
petitesse du fruit, l'épaisseur du bord et
la villosité de la plante; le plus souvent
il y a des épines très-variables dans le
nombre, la longueur et la forme; avec
l'âge, elles se déjettent de côté et d'autre,
et s'entrecroisent comme dans les espèces
précédentes.

Sprengel rapporte ici le M. arenaria.
Ten. : n'est-ce pas plutôt au M. truncatulata Gærtn. qu'appartient ce synonyme.?

§ v. *Terebella.*

denticulata. Willd. — Comm.

M. annua, glabra; stipulis laciniatis;

MEDICAGO

leguminibus laxè cochleatis, cyclis 2-3
subæqualibus, membranaceis, reticulatis,
margine tenui, plus minusve spinoso; aculeis subulatis divergentibus.

— α. brevispina.- M. apiculata. Willd.
— Ser. in DC. Prod. 2. p. 175.
n°. 32. — M. coronata. Gærtn. —
non Lam. — M. polycarpa. Willd.

— β. vulgaris.-M. denticulata. Willd.
— Ser. in DC. Prod. 2. p. 176.
n°. 34. — M. distans. Poir. — Ser.
in DC. Prod. 2. p. 179. n°. 62. —
M. flexuosa. Ten. — Ser. in DC.
Prod. 2. p. 176. n°. 36. — M. ciliaris. Savi. non Willd.

— γ. lappacea.—M. lappacea. Lam.—
Ser. in DC. Prod. 2. p. 177. n°. 46.

L'examen d'un très-grand nombre d'é-
chantillons secs ou vivans m'a décidé à
réunir ces trois variétés, qui se conservent
par la culture, au moins pendant plusieurs
années, mais qui, à l'état sauvage, offrent un si grand nombre d'intermédiaires,
qu'il est impossible de les distinguer spé-
cifiquement. Le nombre de tours est constant, ne dépasse jamais trois ou trois et
demi, et empêche de confondre cette espèce avec la suivante. La réticulation des
fruits, leurs bords minces et l'égalité des
tours la séparent du M. præcox et des
espèces du groupe des *Echinatœ.* Dans la
variété *a,* les fruits sont petits, très-nom-
breux sur les pédoncules, à épines extrêmement courtes et presque nulles, placées
avec régularité et parallèles à l'axe du légume. Dans la variété γ, les fruits sont
presque solitaires, souvent sessiles; ils
ont deux ou trois fois le diamètre de ceux
de la variété *a* ; les épines sont grosses,
crochues à l'extrémité, au moins aussi longues que le diamètre de la gousse, diver-
gentes ou presque perpendiculaires à l'axe.
Sous la variété β, je comprends tous les
intermédiaires entre ces deux extrêmes.

pentacycla. DC.

M. annua, glabra; stipulis laciniatis;
leguminibus laxè cochleatis, 5-6 cyclis, cylindricis, membranaceis, reticulatis, margine tenui, plus minusve spinoso, aculeis
subulatis divergentibus.

MEDICAGO

— α. brevispina. — M. Terebellum.
Willd. — Ser. in DC. Prod. 2. p.
176. n°. 40. — M. aculeata. Gærtn.
— Comm.

— β. vulgaris. — M. pentacycla. DC.
— Ser. in DC. Prod. 2. p. 177.
n°. 47. — M. uncinata. Willd.? —
Ser. in DC. Prod. 2, p. 179. n°. 61.
— M. diffusa. Poir.? — Ser. in DC.
Prod. 2. p. 177. n°. 49.— Comm.

— β. longiseta. — M. pentacycla. DC.
— Ser. in DC. Prod 2. p. 177. n°. 47.
M. nigra. Willd.— Ser. in DC. Prod.
2. p. 178. n°. 52.— M. Histrix. Ten.?
— Ser. in DC. Prod. 2. p. 177.
n°. 48.— Montpellier.

Ces variétés ont entre elles précisément
les mêmes rapports que celles du M. denticulata, dont cette espèce se distingue
constamment par le nombre des tours,
cinq ou six au lieu de deux ou trois.

carstiensis. Jacq.— Ser. in DC. Prod.
2. p. 178. n°. 51.— M. Noccæ. Balb.

Tenoreana. Ser. in DC. Prod. 2. p.
180. n°. 73.— M. cancellata. Ten.

granatensis. Willd. — Ser. in DC.
Prod. 2. p. 180. n°. 74. — M. æga-
grophila. Desv.— Ser. in DC. Prod.
2. p. 181. n°. 78.

præcox. DC. — Ser. in DC. Prod. 2.
p. 178. n°. 55. — Cette, près Montpellier.

M. annua subglabra, stipulis laciniatis ;
leguminibus laxè cochleatis, 2-3 cyclis,
subglobosis, margine incrassato, spinis
longis, firmis, subulato-conicis, hamosis.

Elle est presque toujours très-couchée ;
les feuilles sont petites ; les fruits assez
gros, presque solitaires et sessiles. Elle
est assez répandue dans les jardins, et se
trouve très-communément dans les prés
à laine du port Juvénal, près Montpellier.
— J'ai vu, dans l'herbier du Musée de
Paris, une plante rapportée de l'Egypte
par Olivier, qui ressemble beaucoup à
celle-ci, mais dont les fruits sont deux ou
trois fois plus gros. Peut-être est-ce une
espèce distincte.

marina. L. — Ser. in DC. Prod. 2.

MEDICAGO

p. 176. n°. 41. — Bords de la Méditerranée.

Cette espèce serait peut-être mieux
placée dans la section des Lupularia.

coronata. Lam.— Ser. in DC. Prod. 2.
p. 176. n°. 42. non Gærtn. — Montpellier.

— macrocarpa.

Cette variété, originaire du nord de
l'Afrique, a les fruits deux ou trois fois
plus gros.

† lybica. Spr. Syst. 3. p. 289. — Diploprion medicaginoides. Viv.

J'ai peine à croire que la description et
la figure du fruit du Diploprion, dans la
Flora Lybica, de Viviani, soient parfaitement correctes : si cette plante ne diffère
pas génériquement des Medicago, elle
viendrait se placer à côté du M. coronata,
dont elle a le port, et dont elle ne se dis-
tinguerait que par le nombre des tours
de spire du légume.

§ vi. *Echinatæ.*

minima. Lam. — Ser. in DC. Prod. 2.
p. 178. n°. 55. — M. mollissima.
Roth.— Ser. in DC. Prod. 2. p. 178.
n°. 56. — M. græca. Horn. — Ser.
in DC. Prod. 2. p. 178. n°. 57. —
M. recta. Desf. — Ser. in DC.
Prod. 2. p. 179. n°. 63. — M. hirsuta. All. — Comm.

— longispina. — Comm.

laciniata. All. — Ser. in DC. Prod. 2.
p. 180. n°. 72.

— α. brevispina. — M. laciniata minor. Del. Mss. — Trouvé au port
Juvénal par M. Delile.

— β longispina. — Montpellier.

maculata. Willd.— Ser. in DC. Prod.
2. p. 179. n°. 60. — M. arabica.
Brot.— M. cordata. Desr.— Comm.

disciformis. DC. — Ser. in DC. Prod.
2. p. 177. n°. 55. — M. ciliaris. Gou.
non Willd.— M. muricoleptis. Ten.?
— Ser. in DC. Prod. 2. p. 179.
n°. 60.?(Syn. ex Spr. Syst. 3. p. 291.)

Echinus. DC. — Ser. in DC. Prod. 2.
p. 181. n°. 77. — M. intertexta. All.
et auct. pl. ; an Willd.?

MEDICAGO
ciliaris. Willd. — Ser. in DC. Prod. 2.
  p. 180. n°. 76. non Savi. nec Gou.
  — M. intertexta. Willd.? — Ser.
  in DC. Prod. 2. p. 180. n°. 75.

MELAMPYRUM
arvense. L. — Pyr.
cristatum. L. — Pyr.
nemorosum. L. — Comm.
vulgatum. Pers. — Comm.

MELICA
Bauhini. All. — B. Lang. Narbonne.
  Pyr. or.
ciliata. L. — Comm.
nutans. L. — Comm.
pyramidalis. Lam. — B. Lang. Narbonne. Pyr. or.
uniflora. Retz. — Comm.

MELILOTUS
gracilis. DC. — Perpignan.
Kochiana. Willd.— B. Lang. Pyr. or.
leucantha. Koch. — B. Lang. Pyr.
  or. Bords de la Garonne.
officinalis. L. — Comm.
parviflora. DC. — Montpellier. —
  Narbonne. — Pyr. or.
sulcata. Desf. — B. Lang. Pyr. or.

MELISSA
officinalis. L.

MELITTIS
melissophyllum. L. — B. Lang.

MENTHA
aquatica. L.
arvensis. L. — Comm.
cervina. L. — B. Lang.
gentilis. L. — Pyr.
Pulegium. L. — Comm.
rotundifolia. L. — Comm.
sativa. L.
sylvestris. L. — Comm.
viridis. L. — Comm.

MENYANTHES
trifoliata. L. — Pyr.

MENZIESIA
polifolia. Juss. — Pyr. oc.

MERCURIALIS
annua. L. — Comm.
perennis. L. — B. Lang. Pyr.
tomentosa. L.—Montpellier. Pyr. or.

MERENDERA
Bulbocodium. Ram. — Pyr. cent.

MESPILUS
germanica. L. — Comm.

MEUM
athamanticum. Jacq. — Pyr.
Fœniculum. Spr. — Comm.
heterophyllum. Moench. — Foix.
inundatum. Spr.
Mutellina. Gærtn.

MICROPUS
erectus. L. — Comm.
pygmæus. Desf. — Cette. Ile Sainte-
  Lucie près Narbonne.
supinus. L.

MILIUM
cœrulescens. Desf. — M. purpureum.
  Lap. — Narbonne. Pyr. or.
effusum. L.
paradoxum. Scop. — Narbonne. Pyr.
  or.

MOEHRINGIA
muscosa. L.— Pyr. or. Prats de Mollo.

MOMORDICA
elaterium. L. — B. Lang. Pyr. or.
  Toulouse.

MONOTROPA
hypopithys. L.

MONTIA
fontana. L. — Comm.

MUSCARI
botryoides. Mill.
comosum. Mill. — Comm.
racemosum. Mill. — Comm.

MYAGRUM
perfoliatum. L. — Montpellier.

MYOSOTIS
alpestris. Lehm. — M. alpina. Lap.—
  Pyr. élevées, or. et cent.
  Cette espèce se rapproche du M. sylvatica par son port et par ses grandes corolles; elle en diffère par ses grappes
plus courtes et par son calice fendu tout-
à-fait jusqu'à la base, et à lanières plus
allongées.
arvensis. Sibth.—Pyr. Vallée d'Eynes.
  Il diffère du M. versicolor, dont il se
rapproche le plus, par ses pédoncules
plus courts que le calice et ses fleurs toujours bleues. Il n'en est peut-être qu'une
variété.
cœspitosa. Schultz.? — Grammont.
  M. nucibus lævibus; racemis ebracteatis;

I I

MYOSOTIS

pedunculis calyci æqualibus ; calycibus elongatis , quinquedentatis , conniventibus, corollas æquantibus.

Il a le port du M. stricta ; mais il est plus grand et presque glabre ; ses calices peu fendus le rapprochent du M. palustris , mais il en est très-distinct par son port, ses calices allongés et la petitesse de ses fleurs.

collina. Ehrh.— Comm.

Il est très-distinct de toutes les espèces à petites fleurs par ses calices courts et très-ouverts.

intermedia. Link.—Comm.

Cette espèce, l'une des plus communes et des plus variables , diffère du M. collina par ses calices fermés (sur le frais), du M. versicolor et du M. arvensis par la forme des calices, beaucoup plus courts ; de toutes ces espèces , par ses corolles plus grandes et planes, et par ses longs pédoncules ; des M. sylvatica et palustris, par ses corolles au moins de moitié plus petites , ses calices fermés , etc.

palustris. With. — M. strigulosa. Reich. ? — Comm.

Il est bien caractérisé par ses calices courts, ovales, à cinq dents peu profondes et obtuses ; ses fleurs sont souvent blanches, accident que l'on rencontre aussi dans les M. sylvatica, alpestris, etc.

stricta. Link. ? —Montpellier.

M. nucibus lævibus ; racemis ebracteatis ; calycibus subsessilibus, strictis, elongatis, ultrà medium quinquefidis , clausis; corollis calyce brevioribus, limbo minuto concavo. —J'en ai trouvé quelques échantillons aux environs de Montpellier; il ressemble aux M. arvensis et versicolor , mais en diffère par ses calices plus allongés et serrés contre la tige, et par l'extrême petitesse de ses corolles d'un bleu foncé.

sylvatica. Ehrh. — Pyr.

Cette espèce est l'une des plus grandes. C'est aussi celle qui a les corolles les plus larges : ses calices la distinguent parfaitement du M. palustris ; mais, comme je l'ai déjà dit, elle ressemble beaucoup au M. alpestris.

MYOSOTIS

versicolor. Roth. — Comm.

Cette espèce est très-commune et varie beaucoup ; mais je ne crois pas sa synonymie et sa diagnose encore bien établies. Les caractères que l'on donne pour la séparer du M. arvensis ne me paraissent pas très-constans ; le pédoncule varie en longueur depuis la moitié de celle du calice jusqu'à une longueur un peu plus grande. Les corolles n'éprouvent pas constamment le changement du jaune au bleu ; elles sont quelquefois bleues dès le premier jour. — A Toulouse, j'ai vu le limbe de la corolle constamment concave ; aux environs de Montpellier, au contraire, je l'ai observé parfaitement plane : sont-ce deux variétés ou deux espèces distinctes ?

Tous ces Myosotis sont très-difficiles à distinguer l'un de l'autre sur le sec : on devrait donc toujours, en les cueillant, prendre note des caractères que la compression ou la dessication détruisent, et qui sont essentiels pour la détermination de l'espèce. Ces caractères sont tirés principalement du calice et de la corolle.

Le calice en fournit par sa forme, la manière dont il se divise, et par l'ouverture ou la connivence de ses lobes après la floraison. Ce dernier caractère est essentiel, et ne peut jamais s'observer sur des individus séchés sous presse. A l'égard de la corolle, il faut observer sa grandeur ; la longueur de son tube, et la forme concave ou plane du limbe. Toutes les espèces observées jusqu'ici dans les Pyrénées ont les noix ovoïdes comprimées et parfaitement lisses ; les noix tuberculeuses servent à distinguer plusieurs espèces exotiques , ainsi que le M. nana des Alpes. — De même , nos espèces ont toutes les grappes dépourvues de bractées, dont la présence caractérise le M. pumila de Corse et d'autres espèces exotiques. Le port, la forme des feuilles, les poils, et même la racine annuelle ou vivace, peuvent bien servir de caractères auxiliaires dans la description de certaines espèces , mais ne sont jamais assez constans pour entrer dans les phrases spécifiques. Il faudrait aussi peut-être en exclure la longueur des pédon-

MYOSOTIS

cules, ou du moins en faire moins d'usage que n'en font les auteurs allemands.

MYOSURUS

minimus. L. — Bords de la Méditerranée.

MYRICA

Gale. L.

MYRIOPHYLLUM

spicatum. L. — Toulouse.

— pectinatum. DC.— Montpellier.

verticillatum. L. —Toulouse.

MYRRHIS

aurea. Spr. — B. Lang. Pyr. or.

bulbosa. Spr.

Bunium. Spr.—M. pyrenaica. Spr.— Comm.

hirsuta. Spr. — Comm.

odorata. Spr. — Pyr.

sylvestris. Spr. — Comm.

temula. Gærtn. — B. Lang.

MYRTUS

communis. L. —Bagnols. (Pyr. or.)

NAYAS

monosperma. Willd. — Montpellier.

NARCISSUS

biflorus. Curt. — Montpellier.

Bulbocodium. L.

dubius. Gou. — B. Lang.

incomparabilis. Curt.

intermedius. Lois.

Jonquilla. L. — Pyr. cent. B. Lang.

minor. L.

odorus. L.

poeticus. L. — B. Lang. Pyr.

pseudo - narcissus. L. — B. Lang. Pyr.

radians. Lap.

Tazetta. L. — B. Lang.

NARDUS

stricta. L. — Pyr.

NARTHECIUM

ossifragum. Sm.

NASTURTIUM

amphibium. Br. — Comm.

officinale. Br. — Comm.

palustre. DC.

pyrenaicum. Br. — Pyr. or. et cent.

sylvestre. Br. — Comm.

NEOTTIA

æstivalis. DC. — B. Lang.

spiralis. Ser. — Comm.

NEPETA

Cataria. L. — Comm.

graveolens. Vill.

latifolia. DC. — N. grandiflora. Lap. — Mont-Louis.

Nepetella. L.

* tuberosa. L.

violacea. L.

NESLIA

paniculata. Desv. — B. Lang. Pyr. or. Toulouse.

NIGELLA

arvensis. L. — Comm.

Damascena. L. — Narbonne. Pyr. or.

* sativa. L.

NONEA

alba. DC. — Agde.

lutea. DC.—Prats de Mollo.

NUPHAR

lutea. DC. — Comm.

NYMPHÆA

alba. L. — Comm.

OENANTHE

crocata. L.

fistulosa. L. — B. Lang.

globulosa. L. — Dans la prairie de Saint-Gely, près Montpellier, où Gouan l'avait indiqué.

pimpinelloides. L.—Comm.

OLEA

europæa. L.— Pyr. or.

ONOBRYCHIS

Caput-galli. Lam.—B. Lang. Pyr. or.

* Crista-galli. Lam.

montana. DC.

sativa. All. —Comm.

supina. DC.—Hedysarum herbaceum. Lap.—B. Lang. Pyr. or. Vallées espagnoles.

ONONIS

alopecuroides. L.

altissima. L.—O. hircina. Jacq.

† arachnoidea. Lap.—Pyr. or.

M. Delile m'en a communiqué des échantillons provenant des environs de Ganges

ONONIS

Ses longs poils laineux lui donnent, au premier abord, un aspect très-différent de l'O. Natrix ; mais cette espèce est si variable dans les différentes localités où elle croît, qu'il faudrait peut-être encore y réunir, comme simple variété, l'O. arachnoidea.

aragonensis. Asso.—O. dumosa. Lap. —Benasque.

cenisia. L.—Pyr. cent., sur-tout sur les montagnes espagnoles.

Columnæ. All. —O. parviflora. Lam. — B. Lang. Pyr. or.

fruticosa. L.

minutissima. L. — Comm. Dans le Bas Languedoc, ses fleurs printanières sont toujours sans corolle.

mitissima. L.

Natrix. L.—O. pinguis. L.—O. picta. Lap.?—Comm.

M. Marchand m'en a communiqué des échantillons monstrueux, dont tous les pistils sont convertis en expansions foliacées.

† picta. Lap.

procurrens. Wallr. — O. arvensis. Lam.—Comm.

pubescens. L.—Montpellier.

ramosissima. Desf.—Bords de la Méditerranée.

— arenaria. — O. arenaria. DC. — Bords de la Méditerranée, près Montpellier.

C'est peut-être une hybride des O. Natrix et ramosissima.

reclinata. L. — O. Cherleri. L. — B. Lang. Pyr. or.

rotundifolia. L.—Pyr. élevées.

† rhinanthoides. Lap.

† scabra. Lap.

† senescens. Lap.

spinosa. L. — O. senescens. Lap.? — Comm.

striata. Gou.—Pyr. or.

* variegata. L.

* villosissima. L.

viscosa. L.—Montpellier.

ONOPORDON

Acanthium. L.—Comm.

illyricum. L.—B. Lang. Pyr. or.

ONOPORDON

pyrenaicum. DC.— Pyr. or. et cent.

ONOSMA

echioides. Sm.— Custoja, près Prats de Mollo.

OPHRYS

apifera. Sm.—B. Lang.

arachnites. Hoffm.

aranifera. Sm.— Comm.

lutea. Link.—Montpellier.

myodes. Jacq.

† pseudospeculum. DC. — Montpellier.

ORCHIS

coriophora. L. — Pyr. Plage, près Montpellier.

Ses fleurs sont quelquefois odorantes, d'autres fois inodores.

fusca. Curt.

globosa. L.— Port de Paillères.

incarnata. L.—Montpellier.

latifolia. L.—Comm.

laxiflora. Lam.— Comm.

maculata. L.—Comm.

mascula. L.

militaris. L.— Toulouse.

Morio. L. — Toulouse. Montpellier. —Narbonne.

pallens. L.

pyramidalis. L. — Pyr. Montpellier.

rubra. Jacq.

sambucina. L.

ustulata. L.—Pyr. cent.

variegata. Jacq.

ORIGANUM

creticum. L.

vulgare. L.—Comm.

ORNITHOGALUM

arabicum. L.—Pyr. or.

bohemicum. Sm.—Pyr. élevées.

luteum. L.— Montpellier.

minimum. L.

narbonense. L.—B. Lang.

nutans. L.

pyrenaicum. L.—Pyr. cent.

umbellatum. L.—Comm.

— parviflorum. — Lieux secs du B. Lang.

ORNITHOPUS

compressus. L.—Comm.

perpusillus L.—Grammont près Mont-

ORNITHOPUS

pellier. Bagnols (Pyr. or.). Toulouse.

—intermedius. Roth.— Pyr. oc.

OROBANCHE

caryophyllacea. L.—Comm.

Il croît principalement sur les légumineuses herbacées-vivaces ou suffrutes-
centes, dans les prairies humides.

cœrulea. Vill. — Environs de Montpellier.

Il diffère de l'O. ramosa par sa tige droite
simple et non flexueuse ni rameuse, par
ses corolles presque glabres, moins étran-
glées au-dessus de l'ovaire, par sa tige
bleuâtre et non jaune ferrugineux. Je l'ai
trouvé sur le Prenanthes viminea.

cernua. Loefl. ?

La corolle est recourbée, tubuleuse et
étranglée au-dessus de l'ovaire, comme
dans les autres Orobanches bleues ; mais le
calice est à deux lobes souvent entiers,
quelquefois bifides, et il n'y a point de petites bractées latérales. La tige est presque
glabre, d'un jaune roux, les corolles glabres, d'un beau bleu, les étamines et le
pistil glabres. — Il croît sur l'Artemisia
maritima, dans les sables des bords de la
Méditerranée.

comosa. Wallr. ? (ex characteribus
in Spr. Syst. 2. p. 818.)

Cette espèce appartient encore au groupe
des Orobanches bleues, mais elle atteint
la grandeur de l'O. major. Tige très-grosse,
jaune et velue, épi allongé, assez serré ;
bractée inférieure large, deux latérales
étroites et linéaires. Calyce tubuleux à 5
lobes linéaires ; corolle grande, tubuleuse,
recourbée, étranglée au-dessus de l'ovaire,
pubescente, d'un beau bleu ; lèvre supérieure à deux lobes relevés, l'inférieure
à trois lobes crénelés; style et étamines
glabres. — Sur l'Artemisia campestris, le
long de la Testa, à Perpignan.

crinita. Viv. — O. densiflora. Salzm.
pl. Ting. exsic. (ex spec. siccis.)—
Collioure; sur les Genista et les Cytisus.

elatior. Sutt.? — En Confflent, sur
les Genista et les Cytisus.

Ce n'est peut-être qu'une variété de

OROBANCHE

l'O. major ; il en diffère par son épi court
et serré au sommet d'une tige très-élevée.

epithymum. DC.—Comm. en B. Lang.
sur les Légumineuses, Labiées, Rubiacées, etc.

Sa couleur est presque le seul caractère
qui le sépare de l'O. caryophyllacea ; sur
le sec, je ne puis pas l'en distinguer. l'O.
rubra Sm., d'Écosse, n'en diffère aussi
que par la couleur ; ce qui m'engagerait à
ne faire de ces deux plantes que des variétés de l'O. caryophyllacea, qui est odo-
rante ou non selon l'âge de la plante,
l'heure du jour, la localité, etc.

fetida. Desf.—Pyr. or., sur les Légumineuses frutescentes.

major. L. — Comm. principalement
sur les Genista et les Cytisus.

—incurva.—(Corollis tubulosis incurvis). A Mont-Louis, sur le Galium
verum.

minor. Sm.

Cette espèce est l'une des plus communes
et des plus variables ; sa couleur est d'un
blanc sale, tirant tantôt sur le jaune, plus
souvent sur le bleu. L'épi est presque toujours lâche ; la corolle courte, renflée,
pubescente, à lobes crénelés et crispés. Je
l'ai toujours trouvée inodore. — Elle croît
sur un grand nombre de plantes légumineuses, labiées, rubiacées, composées,
graminées, le Hedera Helix, etc.

J'en ai vu dans quelques herbiers une
grande variété à corolles glabres. Ne
l'ayant pas observée vivante, je ne puis décider si c'est une espèce distincte.

pruinosa. Lap.

Il ressemble à l'O. minor en grand,
ayant la taille de l'O. major au moins. Il
est d'ordinaire très-odorant et tout couvert
d'une pubescence épaisse et visqueuse. Il
est abondant sur les fèves, lupins et autres légumineuses annuelles en Catalogne
et dans quelques parties du Roussillon. —
Nous avons cueilli à Girone une variété
toute jaune et presque inodore.

ramosa. L. — Comm. sur un grand
nombre de plantes différentes.

Ayant observé toutes ces espèces vivantes, j'avais le projet d'en faire ici la mono-

 OROBANCHE

graphie ; mais je m'aperçois que j'ai négligé de noter plusieurs caractères importans , quoique minutieux , et qui se perdent par la dessication dans ce genre si difficile et si peu constant. De bonnes figures coloriées , avec des notes exactes sur les plantes dont ils sont parasites , la couleur, l'odeur, la forme des lobes , de la corolle et de leurs crénelures, etc., peuvent seules éclaircir la confusion qui règne parmi les Orobanches. Aucun caractère individuel n'est assez constant pour servir de base à de bonnes phrases spécifiques.

OROBUS
albus.L.—O. ensifolius β. Lap. Suppl.
—Trancade d'Ambouilla. (Pyr. or.)
canescens. L.—O. ensifolius. Lap.—
O. atropurpureus. Lap.—Pyr. cent.
—Medassoles.
luteus. L.— O. Tournefortii. Lap. —
Pyr. élevées.
niger. L.—Pyr.
saxatilis. Vent. — Source du Lès,
et Cette, près Montpellier. Narbonne. Pyr. or.
tuberosus. L.— O. Pluckenetii. Lap.
O. divaricatus. Lap.—Pyr.
vernus. L.—Pyr.

OSTRYA
vulgaris. Willd.

OSYRIS
alba. L.—B. Lang. Pyr. or.

OXALIS
Acetosella. L.
corniculata. L.—O. stricta. L.—Com.

OXYRIA. HILL.
reniformis. Hook.—Pyr. élevées.

OXYTROPIS
campestris. DC.—Pyr. élevées.
montana. DC.—Pyr. élevées.
pilosa. DC.
uralensis. DC.—Pyr. élevées.

PÆONIA
paradoxa. Anders.— Pic Saint-Loup
et Sérane , près Montpellier.

PALIURUS
aculeatus. Lam.—B. Lang. Pyr. or.

PANCRATIUM
maritimum. L.—Bords de la Méditerr.

PANICUM
Crus-galli. L.—Comm.

PAPAVER
Argemone. L.—Comm.
dubium. L. — Comm. Rare, en B.
Lang.
hybridum. L.—Comm.
pyrenaicum. DC.—Pyr. élevées.
Rhœas. L.—Comm.
—Roubiæi.— P. Roubiæi. DC.—près
Montpellier.
somniferum. L.—Pyr. or.
— setigerum.— P. setigerum. Req.—
Prades (Pyr. or.).

PARIETARIA
lusitanica. L.
officinalis. L.—Comm.

PARONYCHIA
capitata. Juss.— B. Lang. Pyr. or.
hispanica. DC.—B. Lang. Pyr. or.
polygonifolia. Vill.—Pyr. élevées.
pubescens. DC.
serpyllifolia. DC.—Pyr. élevées.
verticillata. L.

PASSERINA
calycina. Pers.—P. juniperifolia.Lap.
—Pyr. cent. Benasque.
dioica. Pers.— P. empetrifolia. Lap.
— Pyr. or. et cent.
hirsuta. L. — P. polygalæfolia. Lap.
— Ile Ste. - Lucie. Au pied des
Albères.
Thymelæa. DC. — B. Lang. Pyr. or.
tinctoria. Pourr.

PASTINACA
sativa. L.—Comm.

PEDICULARIS
comosa. L.—Pyr. élevées.
* fasciculata. Bell.? — P. asparagoides. Lap.
foliosa. L.—Pyr. élevées. Nouri.
palustris. L.— Pyr.
rostrata. L.— Pyr. élevées.
— β. calycibus hirsutis. — P. gyroflexa. Vill.— P. incarnata. Lap.—
Pyr. élevées.
sylvatica. L.— Pyr.
tuberosa. L.—Pyr. élevées.
verticillata. L. — Mont-Louis.

PEPLIS
erecta. Req.—B. Lang.
Portula. L. —Pyr. or. et cent. Toulouse.
PETROCALLIS
pyrenaica. Br. — Pyr. cent. sur les sommités.
PEUCEDANUM
gallicum. Pers.— B. Lang.
officinale. L.
PHACA
alpina. DC.— Esquierry.
astragalina. DC.—Pyr. élevées.
australis. DC. — Port-Nègre. (Vallée d'Andorre.)
PHALANGIUM
Liliago. Pers.— B. Lang. Pyr. or.
planifolium. Pers.—Bords de l'Océan.
ramosum. Pers. — B. Lang. Pyr. or. et cent. Toulouse.
serotinum. Pers.
PHALARIS
aquatica. L.— Narbonne.
arundinacea. L.— Comm.
canariensis. L.
cylindrica. DC. — Achnodonton Bellardi. Beauv.
paradoxa. L.
PHILLYREA
angustifolia. L. — B. Lang. Pyr. or.
latifolia. L.— B. Lang. Pyr. or.
— media. Lap. — Ph. media L. — B. Lang. Pyr. or.
PHLEUM
* alpinum. L.
arenarium. L. —Bords de la Méditerranée.
asperum. Jacq.— Bords de la Méditerranée.
Bœhmeri. Schrad.
commutatum. Gaud. — P. alpinum. Lap.— Pyr. élevées.
Gerardi. All.
pratense. L.— Comm.
— nodosum. — P. nodosum.— L. — Comm.
PHLOMIS
Herba venti. L.—B. Lang. Pyr. or.
Lychnitis. L.— P. fructicosa. Lap.— B. Lang. Pyr. or.

PHYSALIS
Alkekengi. L.
PHYTEUMA
hemisphærica. L.— P. Michelii. Lap
— P. pauciflora. Lap.?—Pyr. élevées.
orbicularis. L.—P. Scheuchzeri. Lap.
— P. comosa. Gou.— Comm.
Seheuchzeri. L.—P. Charmelii. Lap.
— Marboré.
spicata. L.— Comm.
—betonicæfolia. Poir.—P. betonicæfolia. Vill.— P. cordifolia. Lap.?—Pyr.
PICRIDIUM
albidum. DC. — Lepicaune albida. Lap. —Pyr. or. et Vallées espagnoles.
vulgare. Desf. — B. Lang. Pyr. or.
PICRIS
hieracioides. L. — P. tuberosa. Lap. — Crepis virgata. Lap. — Crepis lappacea. Lap.? — Crepis scabra. Lap.? — Comm.
pauciflora. Willd. — Bords de l'Hérault, aux Arcs, près Montpellier.
PIMPINELLA
dioica. L.— B. Lang. Pyr. or.
Le P. dioica β. Lap. Abr., des montagnes élevées, est un Seseli.
magna. L.— Pyr. Toulouse.
Saxifraga. L. — Comm.
PINGUICULA
alpina. L. — P. flavescens. Schrad. — Pyr. élevées.
grandiflora. Lam. — Pyr.
—longifolia. DC.
lusitanica. L.
vulgaris. L.
PINUS
Abies. L.—Pyr. élevées.
halepensis. Mill.—B. Lang. Pyr. or.
maritima. Mill.—Narbonne. Pyr. or. Bayonne.
Mughus. Jacq.
picea. L.
† pyrenaica. Lap.
sylvestris. L. — Pyr.
uncinata. DC. — P. sanguinea. Lap. — Pyr.

PISTACIA
Lentiscus. L. — B. Lang. Pyr. or.
Terebinthus. L.— B. Lang. Pyr. or.
PISUM
arvense. L.— Pyr. or.
PLANTAGO
albicans. L.— Narbonne. Pyr. or.
alpina. L. — P. atrata. Lap. — Pyr.
élevées.
arenaria. W et K.— Bords de la Méditerranée.
Bellardi. All.— Narbonne.
† capitellata. DC.
Cornuti. Gou.— Bords de la Méditerranée.
Coronopus. L.— Comm.
Cynops. L.— Comm.
* graminea. Lam.
Lagopus. L. — P. intermedia. Lap.
— B. Lang. Pyr. or.
lanceolata. L. — Comm.
major. L. — Comm.
—intermedia.— P. intermedia. Gilib.
— Comm.
— minima. Lois.— P. minima. DC.
— Pyr. élevées.
maritima. L.— Bords de la Méditerranée.
† montana. Lam.
Psyllium. L.— B. Lang. Pyr. or.
pubescens. DC.
sericea. W. et K.— P. argentea. Desf.
— Pyr. or. Canigou. Vallée d'Eynes.
serpentina. Vill.
† sessiliflora. Lap.
subulata. L.— P. pungens. Lap.— B.
Lang. Pyr. or.
PLATANTHERA
bifolia. Rich.— Comm.
PLUMBAGO
Europæa. L.— B. Lang.
POA
alpina. L.— Pyr. élevées.
annua. L.— Comm.
aquatica. L.— Montpellier.
bulbosa. L.— Comm.
cœsia. Sm.— Pyr. or.
compressa. L.— Pyr.
distans. L. — Bords de la Méditer.

POA
Eragrostis. L. — Eragrostis pœoïdes.
Beauv. — P. megastachya. DC. —
Megastachya Eragrostis. Beauv. —
P. pilosa. DC.— Comm.
laxa. Hænck.?—P. elegans. DC.—Pyr.
cent. Marboré.
maritima. Huds.
nemoralis. L.— Aira alpina. Lap. —
Comm.
— coarctata. Gaud.— B. Lang.
— glauca. Gaud. — P. miliacea. DC.
Aira miliacea. Lap.— Pyr. or.
pratensis. L.— Comm.
— angustifolia. Gaud.— Comm.
rigida. L.— Comm.
serotina. Ehrh.— Montpellier.
sudetica. Hænck.— Pyr.
trivialis. L. — P. serotina. Lap. —
Comm.
POLEMONIUM
cœruleum. L.
POLYCARPON
tetraphyllum. L.— Comm.
POLYCNEMUM
arvense. L.— Comm.
POLYGALA
amara. L.— Pyr.
* Chamæbuxus. L.
exilis. DC. — Bords de la Méditerr.
monspeliaca. L.—Environs de Montp.

Cette espèce, très-commune aux environs de Montpellier, est très-différente de
la figure donnée par DC. dans ses *Ic. rar.*,
qui n'est qu'une variété du P. vulgaris.

saxatilis. Desf.— Montagne de la Clape
près Narbonne. DC. Collioure à Bagnols.
vulgaris. L.— Pyr.
— elata. DC.—B. Lang.
— angustifolia. DC.— Pyr.
POLYGONUM
alpinum. L.— Pyr. élevées.
amphibium. L.— Comm.
aviculare. L.— Comm.
Bellardi. All.— B. Lang.
Bistorta. L. — Pyr.
Convolvulus. L.— Comm.
dumetorum. L.— Comm.
Fagopyrum. L.
hydropiper. L.— Comm.

POLYGONUM
minus. Ait. — Comm.
Persicaria. L. — Comm.
viviparum. L. — Pyr. élevées.

POLYPOGON
maritimum.Willd. — Bords de la Méditerranée.
monspeliense. Desf. — Bords de la Méditerranée.

POPULUS
alba. L. — Comm.
canescens. DC. — Comm.
nigra. L. — Comm.
Tremula. L. — Pyr.

PORTULACA
oleracea. L. — Comm.

POTAMOGETON
compressum. L. — Pyr.
crispum. L. — Pyr. Canal du Languedoc.
densum. L. — Comm.
fluitans. Roth.
lucens. L.
natans. L. — Comm.
pectinatum. L.
perfoliatum. L.
pusillum. L.

Le P. bifolium Lap. Abr. Suppl. doit être supprimé, l'espèce ayant été établie sur un échantillon non fleuri du Vicia faba, qui s'est trouvé par hasard flottant dans l'étang de Barbazan.

POTENTILLA
alba. L. — Toulouse.
— splendens. DC. — Fraga Vaillantii. Lap. — Pyr.
Anserina. L. — Régions occidentales.
argentea. L. — Comm.
aurea. L. — P. heterophylla. Lap. — Pyr. élevées.
caulescens. L. — Pyr. or.
— nivalis. Lap. et DC. Fl. fr. — P. integrifolia. Lap. — Pyr. élevées.
Comarum. Nestler. — Comarum palustre. L. — Pyr.
crocea. Hall. Fil. — P. grandiflora. I. Ser. in DC. Prod. — P. pyrenaica. DC. — P. ascendens. Lap. — P. inlinata. Lap. — P. grandiflora. Lap. — P. opaca. Lap.? — P. alpestris.

POTENTILLA
Sm. — Pyr. cent. Port de Paillères, de Benasque, etc.
Fragaria. Poir. — Fragaria sterilis. L. — Comm.
fruticosa. L. — P. prostrata. Lap. — Vallée d'Eynes.
* grandiflora. L.
hirta. S. — P. angustifolia. DC. — B. Lang. Pyr. or.
— recta. DC. — B. Lang.
* intermedia. L.
micrantha. Ram. — Pyr. cent.
minima. Hall. Fil.
reptans. L. — Comm.
rupestris. L. — B. Lang. Pyr. or.
Tormentilla. Nestl. — Comm.
verna. L. — P. subacaulis. Lap. — Comm.

POTERIUM
Sanguisorba. L. — Comm.

PRENANTHES
hieracifolia. Willd. — Comm.
muralis. L. — Comm.
purpurea. L. — Pyr.
viminea. L. — B. Lang. Pyr. or. et cent.

PRIMULA
* Auricula. L.
elatior. Jacq. — Pyr. or. et cent.
farinosa. L. — Pyr. cent.
integrifolia. L. — Pyr. élevées.
* longiflora. Jacq.
veris. L. — Comm.
viscosa. All. — P. villosa. Lap. ou Jacq.? — P. glutinosa. Lap. — P. marginata. Lap. — P. Auricula. Lap.? — P. latifolia. Lap. — Pyr. élevées, or. et cent.

PRUNELLA
grandiflora. Willd. — Pyr.
hyssopifolia. L. — B. Lang. Pyr. or.
laciniata. L. — Comm.
vulgaris. L. — Comm.

PRUNUS
insititia. L. — Narbonne.
spinosa. L. — Comm.

PSAMMA
arenaria. Beauv. — Bords de la Méditerranée.

PSORALEA
bituminosa. L.— B. Lang. Pyr. or.
Foix. Toulouse.
PTEROTHECA
nemausensis. H. Cass. —Crepis nemausensis. Gou. — B. Lang. Pyr.
or.
PULMONARIA
angustifolia. L.
officinalis. L. — Cynoglossum montanum. Lap.— Pyr. Toulouse.
PYRETHRUM
alpinum. Willd. — Chrysanthemum
atratum. Lap.? — Chrysanthemum
ceratophylloides. Lap.?—Pyr. élev.
corymbosum. Willd.—B. Lang. Pyr.
inodorum. Sm.—Comm.
maritimum. Sm. — Bords de l'Océan
à Bayonne.
PYROLA
minor.— Pyr. Font de Comps.
rotundifolia. L.
secunda. L.
uniflora. L. — Pyr. Font de Comps.
PYRUS
acerba. DC.
amygdaliformis. Vill. — B. Lang.
Aria. Ehrh. — Pyr. or. Capouladoux
près Montpellier.
Aucuparia. Gærtn. — B. Lang.
Chamæmespilus. Lindl. — Port de
Paillères.
communis. L. — Pyr.
Malus. L.
Sorbus. Gærtn. — B. Lang. Pyr.
torminalis. Ehrh.

QUERCUS
apennina. Lam.
coccifera. L.— B. Lang. Pyr. or.
fastigiata. Lam.
Ilex. L. — B. Lang. Pyr. or.
— Alzina. Lap. — Vallée d'Andorre.
— Ballota. Desf.—Collioure. Bagn.
— Gramuntia. L.—B. Lang. Pyr. or.
microcarpa. Lap.? — Prats de Mollo.

Cet arbre, que nous avons vu assez
abondant à Prats de Mollo et à Saint-
Guilhen, au pied du Canigou, répond
bien à la description que donne M. de La-

QUERCUS
peyrouse de son P. microcarpa. Il paraît
intermédiaire entre les Q. fastigiata et pedunculata. Ses caractères le rapprochent
du premier; mais quoiqu'il ait une forme
pyramidale, ses branches sont étalées et
non redressées, comme on les décrit dans
le Q. fastigiata. Au reste, je n'ai jamais vu
cette dernière espèce, et je ne la connais
que d'après les descriptions.
pedunculata. Willd. — Comm.
pubescens. Willd. — Comm.
Robur. Willd. — Pyr.
Suber. L. — Pyr. or. Collioure. Bagnols et tout le revers Catalan.
Tauzin. Pers. — Q. stolonifera. Lap.
— B. Lang. au pied des Cevennes.
Pyr. or. au pied du Canigou. Pyr.
cent. et oc. Toulouse.

RADIOLA
Millegrana. Sm.— Bagnols. (Pyr. or.)
RAMONDIA
pyrenaica. Pers. — Pyr. cent. et er. et
principalement le revers espagnol.
RANUNCULUS
aconitifolius. L. — Pyr. élevées.
— crassicaulis. DC. — R. heterophyllus. Lap. — Pyr. cent.
D'après l'examen léger que nous en avons
fait dans l'herbier de M. de Lapeyrouse,
l'échantillon qui y représente le R. dealbatus Lap. (le même qu'il a fait figurer et
le seul qui existe) nous a paru composé
de la tige et des fleurs du R. aconitifolius, avec des feuilles radicales (détachées)
de quelques autres espèces. S'il en est ainsi,
le R. dealbatus ne saurait être admis,
même comme variété : dans le cas contraire, ce serait probablement une espèce.
acris. L. — Comm.
— sylvaticus. DC. — Pyr.
alpestris. L. — Pyr. cent. et élevées.
amplexicaulis. L. — Esquierry.
angustifolius. DC. — Mont-Louis.
aquatilis. L.
— hederaceus. DC. — Pyr. oc. Tou
louse.
— heterophyllus. DC. — Comm.
— pantothrix. DC. — Comm.

RANUNCULUS
— cespitosus. DC. — Comm.
— peucedanifolius. Vill. — Comm.
arvensis. L. — Comm.
auricomus. L. — Pyr. Toulouse.
bulbosus. L. — Comm.
— chœrophyllos. L. — B; Lang.Pyr.or.
Flammula. L. — Comm.
— reptans. — Comm. en automne.
glacialis. L. — Port d'Oo.
gramineus. L. — B. Lang.
lanuginosus. L. — Pyr.
Lingua. L. — Lac de Barbazan près
St.-Béat. (Herb. Marchand.)
La plupart des localités données pour
cette plante dans le midi sont erronées,
plusieurs botanistes ayant pris pour lui le
R. Flammula; je crois pourtant que le vrai
R. Lingua est commun dans les marais autour d'Aigues-Mortes.
monspeliacus. L. — Montpellier.
— rotundifolius. DC. — au pied des
Cevennes.
montanus. Will. — R. Gouani. Vill.
— R. Villarsii. DC. — Pyr. élevées.
muricatus. L. — B. Lang. — Pyr. or.
nemorosus. DC. — R. tuberosus. Lap.
— Pyr. cent. (Herb. March. et Lap.)
ophioglossifolius. Vill. — B. Lang.
Pyr. or.
parnassifolius. L. — Pyr. élevées.
— parviflorus. Lap. — Pyr. cent.
(Herb. Lap.)
parviflorus. L. — R. parvulus. Lap.
— Pyr. or. Toulouse.
philonotis. Retz. — B. Lang. Pyr. or.
pyrenæus. L. — Pyr. élevées.
— plantagineus. DC. — Nouri.
repens. L. — Comm.
rutæfolius. L.
sceleratus. L. — Comm.
Thora. L. — Pyr. élevées.
trilobus. Desf. — R. parviflorus. Lap.
— R. Xatardi. Lap. — Collioure.

RAPHANUS
Landra. Mor. — Collioure.
Raphanistrum. L. — Comm.
— fl. albo. — Sinapis erucoides. Lap.
— Saint-Béat.

RAPISTRUM
rugosum. Berg. — B. Lang. Pyr. or.

RESEDA
alba. L. — Narbonne.
glauca. L. — Pyr. élevées. Pic Saint-
Loup près Montpellier.
lutea. L. — Comm.
luteola. L. — Comm.
Phyteuma. L. — Comm.
sesamoides. L. — Pyr. élevées.

RHAGADIOLUS
edulis. Gærtn. — Montpellier.
stellatus. Gærtn. — Comm.

RHAMNUS
Alaternus. L. — B. Lang. Pyr. or.
alpinus. L. — B. Lang. Pyr. or.
catharticus. L. — B. Lang.
Frangula. L. — Comm.
infectorius. L. — B. Lang.
pumilus. L. — Pyr. or.
saxatilis. L.

RHINANTHUS
Crista-galli. L. — Comm.

RHODIOLA
rosea. L. — Pyr. cent.

RHODODENDRON
ferrugineum. L. — Pyr. cent.

M. de Lapeyrouse indique au passage de
Bassiouhé (entre Melles et les montagnes
de Chichoy et Crabère) les R. Chamæcis-
tus L., et R. hirsutum L. Nous les avons
vainement cherchés, tant dans la localité
indiquée qu'ailleurs, et nous n'avons pu
découvrir que personne les ait vraiment
cueillis dans ces montagnes; la plupart
des localités de Melles, Crabère, Chichoy, etc., données dans l'*Histoire
abrégée* de M. de Lapeyrouse, lui avaient
été fournies par un médecin de Melles,
qui laissa son herbier à M. Marchand père,
de Saint-Béat. Dans cet herbier, qui fut
par la suite réuni à celui de M. de Lapeyrouse, se trouvaient, à ce que l'on
nous a assuré, les deux espèces dont je
parle; mais il est fort possible que ces
échantillons ne fussent pas vraiment originaires des Pyrénées.

RHUS
Coriaria. L. — B. Lang. Pyr. or.
Cotinus. L.

RHYNCHOSPORA
alba. Vahl. — Pyr.
fusca. Vahl. — Pyr. oc.

Ribes
alpinum. L. — B. Lang. Pyr. or.
Grossularia. L.
nigrum. L.
petræum. L. — Pyr. Canigou.
rubrum. L. — Pyr. cent.
Uva crispa. L. — Pyr. Mont-Louis.

Roemeria
hybrida. DC. — B. Lang. Pyr. or.

Rosa
alpina. L. — Pyr. or. et cent.
arvensis. Huds. — Toulouse.
canina. L. — Comm.
cinnamomea. L.
gallica. L. — Bords de la Garonne.
myriacantha. Gou. — B. Lang.
rubiginosa. L. — Comm.
rubrifolia. Vill.
sempervirens. L. — B. Lang. Pyr.
or.
spinosissima. L. — Pyr. or. et cent.
stylosa. Desv. — Comm.
tomentosa. Sm. — Pyr. or. Prats de
Mollo.
villosa. L.

Rosmarinus
officinalis. L. — B. Lang. Pyr. or.

Rottboella
filiformis. Roth. — Bords de la Méditerranée.
incurvata. L. Fil. — Bords de la Méditerranée.
monandra. Cav. — B. Lang.
subulata. Savi. — Bords de la Méditerranée.

Rubia
peregrina. L. — Comm.
tinctorum. L. — Narbonne.

Rubus
cæsius. L. — Comm.
corylifolius. L. — Comm.
fruticosus. L. — Comm.
glandulosus. Bell. — Pyr. cent.
idæus. L. — Pyr. élevées.
saxatilis. L. Pyr. cent.
tomentosus. L. — R. canescens. DC.
— R. Collinus. DC. — B. Lang.
Pyr. or. Toulouse.

Rumex
Acetosa. L. — Comm.

Rumex
Acetosella. L. — pyrenaicus. Lap. —
Comm.
acutus. L. — Comm.
alpinus. L. — Pyr. élevées. Vallée
d'Andorre.
aquaticus. L. — Comm.
arifolius. L. — R. amplexicáulis. Lap.
—'Canigou. Cerdagne.
bucephalophorus. L. — Montpellier.
Collioure.
crispus. L. — Comm.
intermedius. DC. — B. Lang. Pyr.
or.
maritimus. L. — R. palustris. Sm. —
Pyr.
Nemolapathum. L. — Comm.
obtusifolius. L. — Comm.
pulcher. L. — R. divaricatus. Lap.?
Comm.
sanguineus. L. — Comm.
scutatus. L. — B. Lang. Pyr. or.
tuberosus. L.

Ruppia
maritima. L. — Étangs salés des bords
de la Méditerranée.

Ruscus
aculeatus. L. — Comm.

Ruta
angustifolia. Pers. — B. Lang. Pyr.
or.
graveolens. L.
montana. Ait. — B. Lang. Pyr. or.

Saccharum
cylindricum. Lam.
Ravennæ. L.

Sagina
apetala. L. — Comm.
erecta. L. — Bords de la Méditerranée.
filiformis. Pourr.

Je pense que ce ne doit être qu'une
légère variété du S. procumbens.

procumbens. L. — Comm.

Sagittaria
sagittifolia. L. — Landes des Pyr. oc.

Salicornia
fruticosa. L. — Bords des deux mers.

SALICORNIA

herbacea. L.— Bords des deux mers.

Ces deux espèces sont-elles vraiment distinctes ?

SALIX

alba. L. —Comm.

arbuscula. L. — Pyr.

† aurigerana. Lap.

aurita. L. — Pyr. cent.

capræa. L. — Comm.

cinerea. L. — Pyr.

formosa. Willd,

fragilis. L.

glauca. L.

herbacea. L.

incana. Hoffm. — Comm,

† incerta. Lap.

incubacea, L.

lanceolata. Ser. — Pyr.

monandra. Ard. —Comm.

myrsinites. L.

ovata. Ser.? — Port de Paillères.

patula. Ser.

pentandra. L. — Comm.

phylicifolia. L. — Pyr.

pyrenaica. Gou. —Pyr. élevées.

repens. L.—Pyr.

reticulata. L. — Pyr. élevées.

retusa. L. — Pyr. élevées.

triandra. L. —Comm.

viminalis. L. —Comm.

SALSOLA

Kali. L. — Bords de la Méditerranée.

Soda. L.

Tragus. L.—Bords de la Méditerranée.

SALVIA

Æthyopis. L.

glutinosa. L. — Pyr. or.

* Horminum. L.

officinalis. L. — Pezenas.

pratensis. L. —Comm.

pyrenaica. L.

On m'a assuré que M. Bolois, pharmacien à Olot, en Catalogne, a retrouvé cette belle Sauge sur le revers espagnol des Pyr. or.

Sclarea. L. — B. Lang.

sylvestris. L.

verbenaca. L. — Montpellier.

— angustifolia. — S. clandestina. L. .

SALVIA

—S. præcox. Lois.—S. pallidiflora.

St. Am. — Comm.

* verticillata. L.

SAMBUCUS

Ebulus. L.—Comm.

nigra. L. —Comm.

racemosa. L. — Pyr.

SAMOLUS

Valerandi. L. — Comm.

SANGUISORBA

officinalis. L. — Pyr.

SANICULA

europæa. L. —Comm.

SANTOLINA

* chamæ-cyparissias. L.

incana. Lam. —Narbonne. Pyr. or.

pectinata. Benth. — an Lag. ?

S. caule fruticoso, ramoso; pedunculis unifloris; foliis pinnatifidis, laciniis linearibus, obtusis, integris bi-trifidisve; squamis involucri tenuissimè pubescentibus.

Tige ligneuse, diffuse, très-rameuse; rameaux droits ou ascendans; feuilles des jeunes pousses couvertes d'un duvet blanchâtre; celles des tiges fleuries presque nues et vertes, pinnatifide, à lanières linéaires, distantes et obtuses; fleurs solitaires à l'extrémité des tiges; écailles de l'involucre fermes, nerveuses, légèrement pubescentes. — Cette espèce, que nous avons découverte entre Arles et Prats de Mollo, et qui croît aussi à Saint-Andiol, près Prats de Mollo, dans les Pyrénées orientales, diffère du S. incana par ses feuilles pinnatifides, comme dans les S. alpina et eriosperma. Elle diffère de ces deux dernières par sa tige ligneuse, son involucre nerveux et pubescent, etc.

Au moment d'imprimer ce *Catalogue*, je vois, dans le 3e. volume du *Systema vegetabilium* de Sprengel, un Santolina pectinata de Lagasca; mais comme il est probable, d'après la phrase de Sprengel, que l'espèce est la même, je laisse subsister notre nom. Cependant Sprengel dit que les jeunes feuilles sont entières, ce que je n'ai pas remarqué sur les échantillons que nous avons cueillis.

rosmarinifolia. L.

squarrosa. Willd. — Narbonne. Pyr. or.

SANTOLINA
viridis. Willd.
SAPONARIA
* bellidifolia. Sm.
cespitosa. DC. — S. elegans. Lap. —
S. bellidifolia. Lap.? — S. lutea.
Lap.? — Pyr. cent. Base de la
Maladetta.
*lutea. S.
ocymoides. L. — B. Lang. Pyr. or.
Bagnères de Luchon.
officinalis. L. — Comm.
orientalis. L.—Perpignan. (Requien).
vaccaria. L. — Comm.
SARCOCAPNOS
enneaphylla. DC. — Villefranche.
(Pyr. or.)
SATUREIA
hortensis. L. — B. Lang.
montana. L. — B. Lang. Pyr. or.
Vallées des Pyr. cent.
SAUSSUREA
alpina. DC.
SAXIFRAGA
adscendens. Willd. — Lap. — S. aquatica. Lap. — Pyr. élevées.
ajugæfolia. L. — Lang. Pyr. élevées.
aizoides. L.— Lap. Pyr. élevées.
Aizoon. L. — Lap. — Pyr.
— longifolia. — S. recta. Lap.—Pyr.
androsacea. L. — Lap. — S. ciliaris.
Lap.? — Pyr. élevées.
aretioides. Lap.—S. Burseriana. Lap.
— S. diapensioides. Lap.? —Saint-
Béat.
aspera. L. — Lap. — Pyr. Vallées
chaudes du revers méridional.
— bryoides. DC. — S. bryoides. L.
— Lap. — Pyr. Sommets des
Montagnes et revers septentrional.
biflora. Lap. — Laurenti. (Herb. Boi-
leau.)
cœsia. L. — S. recurvifolia. Lap. —
Pyr. cent.
calyciflora. Lap. — Pyr.
— hybrida. Benth. — S. luteo purpurea. Lap. — S. ambigua. DC. —
Saint-Béat.

Ces plantes, groupées par différens
auteurs, sous les noms de S. luteo-purpu-
rea et S. ambigua, ne sont que des hy-

SAXIFRAGA
brides accidentelles entre les S. aretioides et
calyciflora. On ne les rencontre jamais que
dans les lieux où les deux espèces-mères
croissent ensemble, et là elles forment
une suite d'intermédiaires entre les deux,
au point qu'il est rare de trouver deux
échantillons parfaitement semblables.
capitata. Lap. — Pyr. élevées.
Espèce constante, quoique intermédiaire entre les S. adscendens et ajugæfolia. Si c'est un hybride, c'en est un qui,
par sa constance, sa fixité et son abou-
dance, doit prendre rang parmi les espèces. Il est commun dans plusieurs parties de la chaîne, croissant quelquefois
avec les S. adscendens, ajugæfolia, etc.;
quelquefois tout-à-fait seul, comme, par
exemple, sur le revers méridional du port
Nègre.
† ciliaris. Lap. — Port de Benasque (Herb. Lap.)
Lorsque j'ai vu cette plante dans l'herbier de M. de Lapeyrouse, je n'ai pu
l'examiner avec assez d'attention pour
m'assurer si vraiment elle est distincte du
S. androsacea.
Clusii. Gou. — S. leucanthemifolia
Lap. — Pyr. élevées.
* cuneifolia. L.
* diapensioides. Bell..
exarata. Vill. — S. palmata. Lap. —
S. intricata. Lap.—S. nervosa. Lap.
— Pyr. élevées.
geranioides. L. — Lap. — S. ladani-
fera. Lap. — Pyr. or. Canigou.
Vallée d'Eynes.
Geum. L. — Lap. — S. hirsuta. Lap.
an L. ? — Pyr. cent. et oc.
granulata. L. — Lap. — S. cernua.
Lap. — Comm.
Un mauvais échantillon de cette espèce,
avec un autre plus mauvais encore du S.
adscendens, sont conservés dans l'herbier
de Lapeyrouse sous le nom de S. cernua,
plante du nord de l'Europe, que l'on n'a
pas encore trouvée dans les Pyrénées.
Groenlandica. Lap. — Pyr. cent.
Toutes les fois que cette espèce croit
avec le S. muscoides (comme au port de
Benasque) elle forme avec lui une chaîne

SAXIFRAGA

d'hybrides intermédiaires, dont plusieurs se trouvent dans l'herbier de M. de Lapeyrouse, mêlées avec d'autres, sous les noms de S. mixta, intricata, etc.

hypnoides. L.

longifolia. Lap. — Pyr. or. et cent. principalement sur le revers espagnol.

muscoides Jacq. — S. cespitosa. Lap. — S. moschata. Wulf.— Lap. — S. planifolia. Lap. — S. exarata. Lap. —S. sedoides. Lap.?—Pyr. élevées.

oppositifolia. L.— Lap. — Pyr.

pedatifida. Sm. — Port de Paillères.

pentadactylis. Lap.—Pyr. or. (Herb. Lap.)

pubescens. DC. — S. mixta. Lap. — S. moschata. Lap. (ex parte). — S. intricata. Lap. (ex parte). — Pyr. élevées, et sur-tout dans la partie orientale.

— sulcata. Ser. Mss. — S. exarata. Lap. (ex parte). — Pyr. or. Vallée d'Eynes.

— Prostiana. Ser. Mss. — Pic Saint-Loup, près Montpellier.

pyramidalis. L.— Lap. — Pyr. cent. Lacs d'Oo.

retusa. Gou.— Lap. — Pyr. or. Cambredases.

rotundifolia. L.— Lap. — Pyr. or. Prats de Mollo.

* sedoides. L.

stellaris. L. — Lap. — Pyr.

tridactylites. L. — Lap. — Comm.

umbrosa. L. —Lap. — Pyr.

SCABIOSA

Columbaria. L. — Comm.

gramuntia. L. — B. Lang.

holosericea. Bert. ? — Pyr.

lucida. Vill. — B. Lang. Pyr. or. et cent.

maritima. L.— Bords de la Méditerranée.

pyrenaica. All. ? — Pyr. élevées.

Je pense que ces cinq dernières espèces doivent être réunies comme variétés au S. columbaria.

stellata. L.

Succisa. L. — Comm.

SCANDIX

australis. L. — Montpellier.

Pecten. L. — Comm.

SCHEUCHZERIA

palustris. L.

SCHISMUS

marginatus. Beauv. — Kœleria calycina. DC. — Elne, près Perpignan.

SCHOENUS

compressus. L. — B. Lang.

ferrugineus. L.

mucronatus. L. — Bords de la Méditerranée.

nigricans. L. — B. Lang.

SCHOLLERA

oxycoccos. Roth. — Pyr. élevées.

SCILLA

autumnalis. L.— Comm.

bifolia. L. — Pyr. cent.

Lilio-hyacinthus. L. — Pyr. or.

nutans. Sm.

verna. Ait. — Sc. umbellata. Ram. — Pyr. cent.

SCIRPUS

Bœothryon. L. — Comm.

cespitosus. L. — Comm.

lacustris. L. —Comm.

littoralis. Schrad. — S. fimbrisetus. Delil. — S. triqueter. Lap. ? — Bords de la Méditerranée.—Aigues-Mortes.

maritimus. L. —Comm.

— tuberosus. — Sc. tuberosus. Desf. —Ile Sainte-Lucie, près Narbonne.

† multicaulis. Sm.

* pungens. Vahl.

sylvaticus. L.

SCLERANTHUS

arvensis. — S. annuus. L. — S. perennis. L. — S. polycarpos. L. ? — Comm.

M. Hooker avait observé, il y a quelques années, que les S. annuus et perennis appartenaient à la même espèce; ce qui est confirmé par les observations de Voith, *Flora oder bot. zeit* 1826, p. 382.

SCLEROCHLOA

dura. Beauv. — B. Lang. Montpellier.

SCOLYMUS

grandiflorus. Desf. — A Collioure , à gauche de la route, sur le sommet de la côte que l'on descend, pour arriver à la ville, en venant de Perpignan.

hispanicus. L. — Comm.

maculatus. L. — B. Lang.

SCORPIURUS

subvillosus. L. — B. Lang. Pyr. or.

On indique aussi en Roussillon et dans le Bas Languedoc les S. muricata , sulcata et vermiculata ; mais je crois que c'est par erreur. Je ne sache pas que l'on en ait encore trouvé aucun sur le sol français.

SCORZONERA

aristata. DC.—S. grandiflora. Lap.— Esquierry.

Les graines sont tuberculeuses, ce qui distingue ce Scorzonera de toutes les espèces voisines.

calcitrapifolia. Vahl. — B. Lang. Toulouse.

glastifolia. Willd. — Pyr. cent. Pic Saint-Loup, près Montpellier.

Cette espèce varie beaucoup: elle diffère du S. humilis par ses involucres glabres et par ses feuilles longues et étroites; du S. angustifolius par ses pédoncules peu ou point épaissis au sommet; du S. graminifolia par ses involucres glabres; du S. aristata par ses graines lisses sur les nervures, et non tuberculeuses.

hirsuta. L. — B. Lang.

hispanica. L.

humilis. L. — Pyr. or. et cent.

laciniata. L. — S. petiolaris. Lap.? — B. Lang. — Pyr. or. — Toulouse.

parviflora. Willd. — Bords de la Méditerranée.

subulata. Lam.

SCROPHULARIA

aquatica. L. — Comm.

* betonicæfolia. L.

canina. L. — Comm.

nodosa. L. — Comm.

peregrina. L. — Montpellier.

Scopolii. L. — Pyr. or. — Canigou. Vallée d'Eynes. Andorre.

vernalis. L. — Saint-Béat.

SCUTELLARIA

alpina. L. — Pyr. élevées, particulièrement les montagnes espagnoles.

galericulata. L. — Comm.

minor. L. — Pyr. cent. et oc.

SECURIGERA

Coronilla. DC.

SEDUM

acre. L. — Comm.

album. L. — S. turgidum. Ram. — Comm.

altissimum. Poir. — B. Lang. Pyr. or.

* anacampseros. L.

Anglicum. L. — Pyr. cent.

annuum. L.

anopetalum. DC. — Pyr. or. — Pic Saint-Loup, etc., près Montpell.

atratum. L. — Pyr. élevées.

brevifolium. DC. — S. sphæricum. Lap.—Pyr. or. Ariége. Vallée d'Andorre.

Cepæa. L. — S. galioides. All. ? — Pyr. cent. et oc.

Les feuilles supérieures sont presque toujours verticillées, et souvent elles le sont toutes.

dasyphyllum. L. — Comm.

divaricatum. Lap. — S. rupestre. Lap. ? — Pyr. or. Ariége. Vallée d'Andorre.

Le port de cette espèce est constant et très-différent de celui du S. saxatile.

hirsutum. L. — Pyr. or. et cent.

reflexum. L. — Capouladoux, près Montpellier.

repens. Schl.

saxatile. L. — Pyr. élevées. Canigou.

sexangulare. L.

Telephium. L. — Pyr. or. et cent.

villosum. L. — Pyr.

SELINUM

austriacum. L.

Oreoselinum. Scop. — Pyr.

palustre. L.

† scabrum. Lap.

sylvestre. L.

SEMPERVIVUM

arachnoideum. L. — Pyr.

SEMPERVIVUM
montanum. L. — Pyr.
tectorum. L. — Pyr.

SENEBIERA
Coronopus. Pers. — Comm.
didyma. Pers. — Bayonne.

SENECIO
aquaticus. Sm. — Montpellier.
artemisiæfolius. Pers. — S. abrota-
nifolius. Lap. — Pyr.
* coronopifolius. Willd.
Doria. L. — Montpellier.
Doronicum. L. — S. rotundifolius.
Lap. ? — Lepicaune tomentosa.
Lap. — Cineraria cordifolia. Lap.—
Pyr. or. Font de Comps. Bois de la
Matte.
erucæfolius. L. — Comm.
Jacobæa. L.
leucophyllus. DC. — S. palmatus.
Lap. — Pyr. or. Canigou. Vallée
d'Eynes.
lividus. L.
* nebrodensis. L.
* nemorensis. L.
paludosus. L.
sarracenicus. L.
squalidus. L. — B. Lang. Pyr. or.
sylvaticus. L. — Pyr. Toulouse.
Tournefortii. Lap. — Pyr. élevées.
uniflorus. All.
viscosus. L. — Comm.
vulgaris. L. — Comm.

SERRATULA
cinaroides. L. — Pyr. cent.
humilis. Desf. — Carduus mollis.
Gou. — M. Cady, près la Seo d'Urgel. Penne blanque.
nudicaulis. DC.
tinctoria. L. — Pyr. Toulouse.

SESELI
annuum. L. — B. Lang. Pyr. or.
elatum. L. — B. Lang.? Pyr.
glaucum. L. — Saint-Béat.
montanum. L.? — Pimpinella dioica
β. Lap. — Pyr. élevées.
tortuosum. L. — B. Lang. Pyr. or.

SESLERIA
cœrulea. Bert. — S. cylindrica.
DC.

SESLERIA
— S. elongata. DC. — B. Lang.
Pyr. or
disticha. Pers. — Pyr. élevées. Port
de Paillères.

SETARIA
glauca. Beauv. — Comm.
verticillata. Beauv. — Comm.
viridis. Beauv. — Comm.

SHERARDIA
arvensis. L. — Comm.

SIBBALDIA
procumbens. — L. Pyr. élevées.

SIDERITIS
hirsuta. L. non. Lam. nec Lap. —
Comm. aux environs de la Seo
d'Urgel.
hyssopifolia. L. an. DC.? — S. hyssopifolia var. Lap. — Vallée d'Eynes.
Cambredases.
pyrenaica. Poir. — S. alpina. Vill. —
S. hyssopifolia var. et S. scordioides
var. DC. — S. crenata. Lap. — S.
incana. Gou.? — Comm. sur les montagnes dans les Pyr. or. et cent.
romana. L. — B. Lang. Pyr. or.
scordioides L. — S. hyssopifolia. α Lap.
— S. fruticulosa. Pourr. — B. Lang.
Pyr. or.
— lanata. — S. hirsuta. Lam. Lap.
— B. Lang. Pyr. or.
— latifolia. — S. tomentosa. Pourr.?
— près Narbonne.
— incana. — S. incana. DC. non.
L. — Pyr. or. Font de Comps.
spinosa. Lam.? — Collioure.

SILENE
acaulis. L. — Pyr. élevées.
Armeria. L. — Capouladoux, près
Montpellier.
bicolor. Thor.
ciliata. Pourr. — S. geniculata. Pourr.
— S. stellata. Lap. — S. Campanula.
Lap.? — Pyr. élevées.
conica. L. — S. conoidea. Gou. Lap.
non L.
† gallica. L.
inaperta. L. — S. rubella. Lap. — S.
polyphylla. Lap. — DC. — Cucubalus
catholicus. Lap. — non. S. stricta.

SILENE

Lap. —.Montpellier. Pyr. or. et cent.

inflata. L.—Comm.

— angustifolia. DC.— Comm.

— castrata. Lap.

— fabaria. Otth. —Bords de l'Océan.

— hirsuta. — Les Arcs près Montpellier.

Tige et feuilles très-hérissées ; fleurs en panicule.

— rubra. Ram.

— uniflora. Roth. — Pic du Midi.

italica. Pers. — B. Lang. Pyr. or.

muscipula. L. — B. Lang.

nocturna. L. — S. stricta. Lap. — Narbonne. Pyr. or.

— brachypetala. — S. brachypetala. DC. — Montpellier.

Dans plusieurs Silènes les pétales sont à demi avortés pendant une partie de l'année.

nutans. L.—S. paradoxa. Lap.—Pyr. or. et cent. Toulouse.

Otites. Pers. —B. Lang. Pyr. or.

quadridentata. DC.

quinquevulnera. L. — S. cerastoides. L. — S. gallica. Lap. —S. anglica. Lap. — S. lusitanica. Lap. — S. tridentata. Ram.? — Comm.

Le nombre et la forme des dents des pétales, la grandeur et l'intensité de couleur de la tache qu'ils portent, sont extrêmement variables. Dans un même champ, j'ai souvent observé dans les pétales toutes les nuances de couleur depuis le blanc pur jusqu'au pourpre foncé, à peine bordé d'une couleur plus claire, et toutes les variétés de forme entre le limbe ovale-entier et obcordé ou bifide. Je n'ai jamais vu que cette espèce, dans les herbiers de M. de Lapeyrouse et autres, sous les noms de S. gallica, anglica, lusitanica et cerastoides, et je doute fort que les plantes que Linné même avait ainsi nommées soient réellement distinctes du S. quinquevulnera. C'est aussi lui que M. Ramond a indiqué, à ce que je crois, sous le nom de S. tridentata, Desf., plante africaine qui ne croît probablement pas dans les Pyrénées.

rupestris. L. — Pyr.

SILENE

Saxifraga. L.— B. Lang. Pyr. or. et cent.

SILER

aquilegifolium. Gærtn.

SINAPIS

alba. L. — Narbonne.

arvensis. L. — Comm.

incana. L.—Bords de la Méditerranée.

nigra. L.

SISON

Amomum. L.

Podagraria. Spr. — Pyr. cent.

segetum. L.

SISYMBRIUM

* altissimum. L.

asperum. L. — B. Lang. Pyr. or.

austriacum. Jacq.—S. acutangulum. DC. — S. erysimifolium. Pourr. — Pyr. cent et or.

Les siliques sont d'abord hérissées ; mais deviennent glabres à mesure qu'elles croissent.

Columnæ. Jacq. — S. Lœselii. Lap. non L. — Narbonne. Pyr. or.

Cette espèce paraît être, par sa villosité, une variété remarquable du S. Irio. L.

Irio. L. — Comm.

lævigatum. Willd. — Cerdagne.

Les siliques sont absolument glabres et lisses. Ce caractère est constant, et distingue bien cette espèce du S. asperum, auquel elle ressemble. Nous l'avons trouvée abondante en Cerdagne.

obtusangulum. DC. — Comm.

pinnatifidum. DC. — Pyr. élevées.

Canigou.

polyceratium. L. — Montpellier.

Sophia. L. — Comm.

tanacetifolium. L.—Pyr. cent. (Herb. Marchand.)

taraxacifolium. DC.? — Nouri.

Il diffère du S. austriacum par ses tiges beaucoup plus courtes, ses feuilles profondément roncinées, à lanières dentées ou laciniées, ses fleurs plus grandes, plus nombreuses, d'un jaune plus vif. Ses siliques sont d'abord hispides, ensuite glabres, comme dans le S. austriacum ; mais leur épi s'allonge beaucoup moins.

SIUM
angustifolium. L. —Comm.
Bulbocastanum. Spr. — B. Lang.
Falcaria. L.
latifolium. L.
nodiflorum. L. — Pyr. cent.
repens. L. — Pyr. or. et cent.
verticillatum. Lam. — Pyr.

SMILAX
aspera. L. — B. Lang. Pyr. or.
Mauritanica. Poir.? — Pyr. or.

SMYRNIUM
Olusastrum. L. — Ile Sainte-Lucie.

SOLANUM
Dulcamara. L. — Comm.
miniatum. Willd. — Montpellier.
nigrum. L. —Comm.
villosum. Lam. — B. Lang. Pyr. or.

SOLDANELLA
alpina. L. — Pyr. élevées.

SOLIDAGO
Virga-aurea. L. — S. reticulata. Lap.
— S. minuta. Lap.? — Comm.

SONCHUS
* alpinus. Fl. dan.
arvensis. L. — Lepicaune spinulosa.
Lap. — Comm.
maritimus. L.—Bords des deux mers.
oleraceus. L. —Comm.
palustris. L. — B. Lang. Pyr.
Plumieri. L. — Esquierry.
tenerrimus. L. — S. pectinatus. DC.
— Narbonne. Pyr. or.

SPARGANIUM
natans. L.
ramosum. Sm. — Comm.
simplex. Sm. — Au pied de la Maladetta.
On a souvent indiqué sous ce nom une
var. du S. ramosum. Le vrai S. simplex
est rare.

SPARTINA
alterniflora. DC.

SPARTIUM
junceum. L. — B. Lang. Toulouse.

SPERGULA
arvensis. L. —Comm. Toulouse.
nodosa. L.
pentandra. L. — Montpellier.
saginoides. L. — Pyr. élevées.
* subulata. Sw.

SPIRÆA
Aruncus. L. — Pyr. cent. Grip.
Filipendula. L. — Comm.
Ulmaria. L. — Comm.

STACHYS
alpina. L. — Pyr. cent.
annua. L. — Pyr. or. Sentem.
(Ariège.)
arvensis. L. — Pyr. or. Collioure.
germanica. L. — Comm.
Heraclea. All. — S. barbata. Lap. —
Prats de Mollo.
hirta. L.
Je doute qu'il croisse à Bayonne. Je l'ai
vu très-abondant à Barcelonne , mais pas
plus près des Pyrénées.
maritima. L. — Bords de la Méditerranée.
palustris. L. — Comm.
recta. L. — Comm.
sylvatica. L. — Comm.

STÆHELINA
dubia. L. —Capouladoux près Montpellier.

STATICE
aristata. Sibt. et Sm (ex R. et S. Syst.)
— St. echioides. Fl. fr. — Bords
de la Méditerranée. Bords de l'Hérault aux Capouladoux.
auriculæfolia. Vahl. — S. mucosa
Salzm. pl. exsicc.—Ile Sainte-Lucie
près Narbonne.
Ce Statice diffère du S. oleæfolia par ses
feuilles larges et épaisses; sa panicule
plus ferme, moins rameuse ; ses fleurs
plus grosses, plus ramassées; ses bractées
moins membraneuses sur les bords, et ses
pétales obtus au lieu d'être aigus.
diffusa. Pourr. — Ile Sainte - Lucie
près Narbonne.
ferulacea. L. — Ile Sainte-Lucie près
Narbonne.
Limonium. L.—Bords des deux mers.
monopetala. L. — Ile Sainte - Lucie
près Narbonne.
oleifolia. Pourr. — S. bellidifolia.
Gou.? — S. globulariæfolia. Desf.?
— Bords de la Méditerranée.
reticulata. L. — Bords de la Méditerranée.

STELLARIA
cerastoides. L. — S. radicans. Lap.—
  Pyr. élevées.
dubia. Bast.
graminea. L.
Holostea. L. — Comm.
latifolia. Pers. — Montpellier.
media. Sm. — Comm.
nemorum. L. — Pyr.
STELLERA
Passerina. L. — B. Lang. Pyr. or.
STIPA
Aristella. L. — Montpellier.
capillata. L.
juncea. L. — B. Lang. Pyr. or.
parviflora. Desf. — Vallée de la Sègre, près la Seo d'Urgel.
pennata. L. — B. Lang. Pyr. or.
tortilis. Desf. — Pyr. or. (Herb.
  Xatard.)
SWERTIA
perennis. L. — Pyr. élevées.
SYMPHYTUM
officinale. L. — Comm.
tuberosum. L.

TAMARIX
africana. Poir. — B. Lang. Pyr. or.
gallica. L. — B. Lang. Pyr. or.
germanica. L. — Pyr. cent.
TAMUS
communis. L. — Capouladoux , près
  Montpellier. Pyr. Toulouse.
TANACETUM
annuum. L.
vulgare. L. — B. Lang.
TAXUS
baccata. L.
TEESDALIA
nudicaulis. Br. — Montpellier. —
  Saint-Béat.
Je n'ai jamais vu que le S. nudicaulis
sous le nom de T. lepidium. La grandeur
relative des pétales est un caractère difficile à examiner sur le sec , et je commence
à croire que l'on s'est trompé en citant un
Teesdalia à corolle régulière. Les feuilles ne
peuvent donner de caractères dans une espèce où elles sont si variables.
TELEPHIUM
Imperati. L. — Narbonne. Pyr. or.

TETRAGONOLOBUS
siliquosus. Roth. — Comm.
— maritimus. Ser. — T. conjugatus.
  Ser. — Bords de la Méditerranée.
Les deux variétés ont souvent les fleurs
conjuguées.

TEUCRIUM
Botrys. L. — B. Lang. Pyr. or.
capitatum. L. — B. Lang. Pyr. or.
Chamædrys. L. — Comm.
flavicans. Lam. — T. aureum. Schreb.
  — T. flavescens. Schreb.—Pyr. or.
flavum. L. — Pic Saint-Loup , près
  Montpellier. Pyr. or.
fruticans. L.—Bagnols, sur les frontières de la Catalogne. (Xatard.)
montanum. L. — Montpellier. Pyr.
  or. Vallée d'Andorre.
Polium. L. — B. Lang. Pyr. or.
pyrenaicum. L. — Pyr. or. et cent.
Scordium. L. — Comm.
Scorodonia. L. — Veronica spicata
  β. petiolaris. Lap. — Comm.
THALICTRUM
alpinum. L. — Pyr. élevées.
*angustifolium. L.
aquilegifolium. L. — Pyr. or.
flavum. L. — Pyr. cent.
fetidum. DC. — B. Lang.
*glaucum. Desf.
majus. Jacq. — Pyr. cent.
medium. Jacq.
nigricans. Jacq.
pubescens. Schl. — B. Lang.
simplex. L.
tuberosum. L.
THAPSIA
villosa. L. — B. Lang. Collioure.
THELIGONUM
Cynocrambe. L. — Mireval , près
  Montpellier.
THESIUM
alpinum. L. — Pyr. or. et cent.
linophyllum. L. — Comm.
THLASPI
alpestre. L. — Pyr. or.
arvense. L. — Pyr.
montanum. L. — Capouladoux ,
  près Montpellier.

THLASPI
perfoliatum. L. — Comm.

THRINCIA
hirta. Roth. — Comm.
hispida. Roth. — B. Lang.
tuberosa. DC. — Montpellier.

THYMUS
Acynos. L. — Comm.
alpinus. L. — Pyr.
Calamintha. Scop. — Saint-Béat.
grandiflorus. Scop.
lanuginosus. Mill. — Montpellier.
La Seo d'Urgel.
Nepeta. Sm. — Comm.
Serpyllum. L. — Comm.
vulgaris. L. — B. Lang. Pyr. or.
Zygis. L. — Montpellier.? Benasque.

TILIA
europæa. Willd. — Pyr.
parvifolia. Hoffm. — Pyr. Toulouse.

TILLÆA.
muscosa. L. — B. Lang.

TOFIELDIA
alpina. Sm. — Pyr. élevées.

TOLPIS
barbata. Gærtn. — Toulouse.
umbellata. Balb.? — Collioure.

TORDYLIUM
maximum. L. — Comm.
officinale. L. — Comm. Toulouse.

TORILIS
Anthriscus. Gmel. — Comm.
helvetica. Gmel.
nodosa. Gærtn. — Comm.

TOZZIA
alpina. L. — Pyr. cent.

TRAGIUM
Columnæ. Spr. — Capouladoux, près
Montpellier.
peregrinum. Spr.

TRAGOPOGON
crocifolius. L. — Montpellier.
major. Jacq. — Montpellier.
porrifolius. L. — Montpellier.
pratensis. L. — Comm.

TRAGUS
racemosus. Hall. — B. Lang. Pyr.
or. Vallée d'Andorre.

TRAPA
natans. L.

TRIBULUS
terrestris. L. — B. Lang. Pyr. or.

TRICHERA
arvensis. Schrad. — Comm.
collina. R. et S. — Scabiosa collina
Req. — S. hirsuta. Lap. — Confflent.
integrifolia. L. — B. Lang. Pyr. or.
sylvatica. L. — Comm.

TRIENTALIS
* europæa. L.

TRIFOLIUM
agrarium. L. — Pyr. cent. Bagnères
de Luchon.
alpestre. L. — Pyr. Saint-Laurent
de Cerda. Esquierry.
alpinum. L. — Pyr. élevées.
angustifolium. L. — Comm.
arvense. L. — Comm.
badium. Schrad. — Pyr. cent. Port
de Benasque.
Bocconi. Savi. — Bois de Lamour,
près Montpellier.
cespitosum. Regn. — Vallée d'Eynes.
Cherleri. L. — B. Lang. Pyr. or.
elegans. Savi. — Mont-Louis.
filiforme. L. — Comm.
— microphyllum. Ser.—Grammont,
près Montpellier. Bagnols. (Pyr.
or.)
fragiferum. L. — T. spumosum. Lap.?
—Comm.
glomeratum. L. — B. Lang. Pyr.
or.
hirtum. All. — Montpellier. Bagnols. (Pyr. or.)
hybridum. L. — B. Lang.
incarnatum. L. — Pyr. or. Cerdagne.
Lagopus. Pourr. — Vernet et Olette.
(Pyr. or.) Mont Cady, près la
Seo d'Urgel.
lappaceum. L. — B. Lang. Pyr. or.
ligusticum. Savi. — T. gemellum.
Lap. Bagnols.
maritimum. Sm. — T. Xatardi. Lap.
— T. Xatardi α. Ser. — B. Lang.
Pyr. or.
Le T. Xatardi, β. Ser. ou T. bœticum

TRIFOLIUM

me paraît distinct du T. maritimum ; mais le T. Xatardi α, la seule variété qui croisse en France, me paraît absolument conforme aux échantillons du T. maritimum cueillis dans des prairies un peu humides.
medium. L. — Pyr.
Michelianum. Savi.? — Comm.
montanum. L. — Pyr. oc. et cent.
ochroleucum. L. — Pyr. or. et cent.
pallescens. Schreb. — T. intermedium. Lap. — Bagnols. (Pyr. or.)
parisiense. DC. — Pyr. Toulouse.
parviflorum. Ehrh. — Le long du chemin entre Saliagouse et Bourg-Madame, en Cerdagne francaise.
pratense. L. — Comm.
procumbens. L. — Comm.
purpureum. Lois. — Montpellier.
resupinatum. L. — T. vesiculosum. Lap. — B. Lang.
repens. L. — Comm.
rubens. L. — Pyr. Capouladoux, près Montpellier.
*saxatile. All.
scabrum. L. — Comm.
spadiceum. L. — Pyr. Mont-Louis.
stellatum. L. — B. Lang. Pyr. or.
striatum. L. — Comm.
suffocatum. Sm. — Montpellier.
tomentosum. L. — Montpellier.

TRIGLOCHIN
Barrelieri. Lois. — Bords de la mer, près Montpellier.
maritimum. L.
palustre. L.

TRIGONELLA
Fœnum græcum. L. — Montpellier.
hybrida. Pourr. — A l'écluse d'Encassan, sur le canal du Midi, près Villefranche.
monspeliaca. L.— B. Lang. Pyr. or.
ornithopodioides. DC. — Pyr.
polycerata. L. — T. tenuis. Otho. — Cerdagne.
prostrata. DC. — Montpellier.

TRIODIA
decumbens. Br.

TROLLIUS
europæus. L. — Pyr.

TULIPA
Celsiana. Red. — Montpellier.
Clusii. Vent. — Montpellier.
Oculus-solis. St.-Am. — Montpellier.
sylvestris. L. — Montpellier.

TURRITIS
glabra. L. — Sisymbrium simplicissimum. Lap. — Pyr. or.

TUSSILAGO
* alba. L.
alpina. L. — Pyr. élevées.
Farfara. L. — Comm.
* fragrans. Vill.
nivea. Hop. — Benasque.
petasites. L.

TYPHA
angustifolia. L.
latifolia. L. — Comm.

ULEX
europæus. L. — Pyr.
nanus. Sm.
provincialis. Lois. — Montpellier.

ULMUS
campestris. L. — U. montana. Sm. — U. pyrenaica. Lap. — Pyr. or. et cent.
effusa. Willd.
suberosa. Ehrh.—B. Lang. Pyr. or.

UMBILICUS
pendulinus. DC. — Comm.

UROPETALUM
serotinum. Ker. — Narbonne. Pyr. or.

URTICA
dioica. L. — Comm.
hispida. DC. — Pyr. or. Canigou. Prats de Mollo.
membranacea. Poir.
pilulifera. L. — Montpellier.
urens. L. — Comm.

UTRICULARIA
vulgaris. L.

UVULARIA
amplexifolia. L.

VACCINIUM
Myrtillus. L. — Pyr.
uliginosum. L. — Pyr.
Vitis-idæa. L.

VALANTIA
muralis. L. — B. Lang. Pyr. or.

VALERIANA
dioica. L.
heterophylla. Lois. — V. globulariæfolia. DC. — Pyr. élevées.
montana. L. — V. Phu. Lap. — V.
saxatilis. Lap.? — Pyr.
officinalis. L. —Comm.
pyrenaica. L. — Pyr. or. et cent.
tripteris. L. — Pyr.
tuberosa. L. — Seranes, près Montpellier.

VALLISNERIA
spiralis. L. — Canal du Languedoc.

VELEZIA
rigida. L. — Montpellier.

VERATRUM
album. L. — Pyr.

VERBASCUM
Blattaria. L. — B. Lang. Pyr. or.
Chaixi. Willd. — V. dentatum. Lap.
— B. Lang. Pyr. or.
Lychnitis. L. — Pyr.
nigrum. L. —Pyr. cent.
phlomoides. L.
pulverulentum. L. — Comm.
sinuatum. L. — Comm.
thapsiforme. Schrad.? — B. Lang.
Thapsus. L. — Comm.

VERBENA
officinalis. L. — V. supina. Lap.? —
Comm.

VERONICA
acinifolia. L. — Gramont, près Montpellier.
agrestis. L. — V. acinifolia. Lap. —
Comm.
* Allionii. Vill.
alpina. L. — Pyr. élevées.
Anagallis. L. — Comm.
aphylla. L. — Pyr. élevées.
arvensis. L. — Comm.
Beccabunga. L. — Comm.
bellidioides. L. — Pyr. élevées.
Chamædrys. L. — Comm.
cymbalaria. Bert.
* digitata. Vahl.
filiformis. Sm. — Montpellier. Toulouse.
fruticulosa. L. — Pyr. élevées.

VERONICA
hederæfolia. L. — Comm.
montana. L. — Pyr. cent.
nummularia. Gou. — V. irregularis.
Lap. — Pyr. or. Crabère.
officinalis. L. — V. Allionii. Lap.? —
Comm.
peregrina. L. — Montpellier.
Ponæ. Gou. — Pyr. élevées.
* præcox. All.
saxatilis. L. — Pyr. élevées.
scutellata. L. — Comm.
serpyllifolia. L. — V. herniarioides.
Pourr.? — Pyr.
spicata. L. — V. longifolia. Lap. —
Port de Puymorain. St.-Béat.
Teucrium. L. — V. latifolia. L.? —
V. Chaixi. Lap. — V. acutiflora.
Lap. — Comm.
— prostrata. — V. prostrata. L. —
Pyr. or. Foix.
triphyllos. L. — V. digitata. Lap. —
Comm.
urticæfolia. L. — Pyr. or. et cent.
verna L.

VIBURNUM
Lantana. L. — B. Lang. Pyr. or.
Tinus. L. — B. Lang. Pyr. or. Tou-
louse.

VICIA
amphicarpos. Dorth. — Montpellier.
argentea. Lap. — Castanèse.
cassubica. L.? — Orobus sylvaticus.
DC. Lap. Sm. — O. aristatus. Lap.
— Vicia multiflora. DC. — V. Orobus. DC. — Esquierry.

Les échantillons pyrénéens sont absolument conformes à ceux que j'ai rapportés
d'Écosse.

Cracca. L. — Comm.
disperma. DC. — Collioure.
dumetorum. L.
Gerardi. DC. — Montpellier.
hirta. Balb. — B. Lang. Pyr. or.
hybrida. L. — Comm.
lathyroides. L. — Comm.
lutea. L. — Comm.
narbonensis. L. — Montpellier.
onobrychioides. L. — Montpellier.
Pyr. or.

VICIA

pannonica. L. (var. purpurascens
Ser.) — Montpellier.
peregrina. L. — B. Lang. Pyr. or.
perennis. DC. — Perpignan.
pyrenaica.—Pourr.—Vallée d'Eynes.
Mont Cady, près la Seo d'Urgel.
sativa. L. var. obovata. Ser. —Comm.
— segetalis. Ser. — Pyr.
— angustifolia. Ser. — Comm.
— glabra. Ser.
sepium. L. — Comm.
sylvatica. L.
tenuifolia. Roth. — Montpellier.

VILLARSIA

nymphoides. Vent.

VINCA

major. L. — Comm.
minor. L. — Comm.

VIOLA

arborescens. L.— Redoute de Montolieu, près Narbonne.
biflora. L. — Pyr. élevées.
canina. L. — Comm.
cenisia. L. — Pyr. cent.
cornuta L. — Pyr.
hirta. L. — Comm.
— odorata. — Capouladoux, près
Montpellier.
mirabilis. L.
odorata. L. — Comm.
palustris. L. — Pyr.

VIOLA

sudetica. Willd.
tricolor. L.— var. degener. — Comm.
— alpestris. DC. — Pyr. or.
— hispida. — Pyr. or.
— arvensis. DC. — Comm.
— gracilescens. DC. — Vallée d'Andorre.
— sabulosa. DC. — Agde.
— bellidioides. DC. — Montpellier.

VISCUM

album. L. — Pyr.

VITEX

Agnus-castus. L. — Bagnols. Pyr. or.

VITIS

vinifera. L. — Comm.

XANTHIUM

orientale. L. — B. Lang.
spinosum. L. — Comm.
strumarium. L. — Comm.

XERANTHEMUM

annuum. L.— La Seo d'Urgel.
inapertum. Willd. — Comm.

ZANNICHELLIA

palustris. L. — Comm.

ZOSTERA

marina. L.
mediterranea. DC.